工作头几年决定你的一生

鲁 迪/ 编著

北京工业大学出版社

图书在版编目（CIP）数据

工作头几年决定你的一生/鲁迪编著．—北京：北京工业大学出版社，2010.8
ISBN 978－7－5639－2407－3

Ⅰ．①工… Ⅱ．①鲁… Ⅲ．①成功心理学—通俗读物
Ⅳ．①B848.4-49

中国版本图书馆 CIP 数据核字（2010）第 103452 号

工作头几年决定你的一生

编　　著：鲁　迪
责任编辑：石莎莎
封面设计：大象设计
出版发行：北京工业大学出版社
地　　址：北京市朝阳区平乐园 100 号
邮政编码：100124
电　　话：010-67391106　010-67392308（传真）
电子信箱：bgdcbsfxb@163.net
承印单位：北京晨旭印刷厂
经销单位：全国各地新华书店
开　　本：710mm×1000mm　1/16
印　　张：17
字　　数：285 千字
版　　次：2010 年 8 月第 1 版
印　　次：2010 年 8 月第 1 次印刷
标准书号：ISBN 978－7－5639－2407－3
定　　价：29.00 元

前　　言

工作头几年，迷茫仍存，困惑不减，究其原因无非是疏于学习。工作头几年，不要幼稚地认为毕业了，学习就随之结束了，更不要将学习的对象指向单一的知识。

学习无处不在，除了知识还要学习动手的技术、适应社会的本领、规划自己的人生、为人处世的方法和心态、工作中能力的提高、理财等。读书本身就是一种学习，而这本书就是为了工作头几年的读者朋友们能够广泛地学习而编著的。

自象牙塔步入现实的社会，立足于一个新的起点上，那颗青春驿动的心，澎湃不已。于是被青春撞了一下腰，双眸闪亮，意气风发，干劲十足，无处不展示着青春的活力。

然而，当你体味到生活很酷之时更体会到它的残酷。曾经出人头地的梦想逐渐模糊，所谓的命运在手演变为已经逝去的不可挽留的豪言壮语。此时，你的思想抛锚，沉溺于休假，细算那点儿薪水，也偶尔陷入和几个水平相当的好友吃饭、K歌的沼泽地里。在思想停止思考与满足现状之间，请静下心来阅读此书，你将会有所警醒：工作头几年，新一轮的学习才刚刚开始。

工作头几年，与其在迷茫与困惑之中挣扎，犹如一只只四处碰壁的苍蝇，在黑暗之中寂静地消亡，耗尽人生有限的时光与精力，不如为自己设定目标，接受目标的驱使，扭转命运的方向盘。

工作头几年，与其在现实的社会生活中幻想以天使的心灵改变这个林子大不乏鸷鸟的世界，抑或是持着唯我独尊、要风得风要雨得雨的年少轻狂的心态在职场中惨败，不如将心中对学府时光的依恋封存在心底，将那份丰硕的精神财富收获，而后秉承学以致用的风范，轻松地转变社会角色，将自己打造为一个真正的职业人。

工作头几年，与其将自己划为E时代被关注的高学历低收入的蚁族，平平淡淡，安于现状，抹平人生曲线，任人哀怜，不如怀抱梦想，少言废话，多做有用功，在格子林立的办公室里，高调做事，低调做人，成就卓越的人生。

工作头几年，掌握专业知识是保障，积累好方法是基础，独立生存是前提，富有吸引力、藏有“小雪花”也实在没有什么可以炫耀的，你要明白：自己究竟是鸡蛋壳里的产物还是天空中翱翔的雄鹰？自己是要在危急中垂死撤退还是在危机意识中进行求生的反抗？

工作头几年，你的学历固然不能忽视，但学习的能力更为重要。大学是广泛学习的场所，离开校园初入社会的你，无论是知识、技能还是为人处世之道只是半个社会——学校的产物。当你步入职场，在社会的大圈子里，学习没有终止，而是开启了一段新的征程。

这本书会告诉你：这个社会，每天都以新的面目改变着你所处的环境，你必须学着去适应它；一个人能幸运地成为哈佛最牛的辍学学生的概率太低，高中文凭的比尔·盖茨仍然推崇学习；当今社会的鲁宾孙难以再独自漂流而有所作为，团队的力量绝对让你惊叹；你所期望的财富蛋糕需要自己亲手制作，关于理财你要学的东西还真的不少；无论多么理智的人也有感性的一面，最爱与最合适有时不能兼得；更新极快的科技产物在提高办事效率的同时也增强了速度对你的挑战。

工作头几年，你对新技术、新知识掌握的程度，对未来规划是否合理，能否建立圆通的人际关系以及树立阳光的价值观等将直接影响你的生活质量，甚至关系到你是否会被时代淘汰。年轻人，梦醒吧！工作头几年，是人生的关键时期，决定着你的一生。希望这本书能够陪你走好这段重要的人生之路。

目　录

第七章　突破来自方法，效益始于效率
——工作头几年，就要掌握高效之道

第八章　二十几你不理财，三十几财不理你
——工作头几年，就要掌握财富法则

第一章

思路决定出路，观念决定前途

< < <——工作头几年，怎么想比怎么做更重要

路，是你走出来的，出路，是你想出来的。所谓的迷茫只是因为你没有去思考，没有去实践。与其坐以待毙，不如去看看前辈们是怎么想的，如何做的。

第一节　尽早梦醒寻对路，出路就在于思路

有人说，大学就是半个社会。在半个社会中，刚刚毕业的年轻人没有真正了解社会，怀着青春的梦想，不免与现实脱节。有梦想是好的，但是要尽早梦醒才能看清社会。在社会上摸索前行，走向成功的捷径就是要站在巨人的肩上，适当地参考榜样的行动，在抉择中选对自己的人生方向。

1. 尽早梦醒就能拥有"好命"

有相当一部分刚刚毕业的年轻人在走出校园步入社会的过程中是困惑的。因为年轻，没有经验、没有阅历，不免会把这个缤纷的社会想象得十分美好：虽然就业竞争十分激烈，但可以凭着自己的能力和一技之长打败所有竞争对手，拥有自己的用武之地，大刀阔斧地干一番事业，用不了几年，房子、车子、票子就会大把地收于囊中……你对自己信心十足，仿佛胜利之神就在眼前不停地向你招手。

现实是这样的吗？

先看一则小故事：

一个名牌大学的高才生，毕业后满怀信心地找工作，当他到某知名公司应聘的时候，老板面试完，问他对工作有什么要求。

这个男孩得意洋洋地说："我希望年薪10万，一年中有一次公费出国的机会，公司还要用公费给我租房子。"

老板微微一笑，回答他："我一年薪水给你20万，一年让你公费出国两次，公司还送你一栋房子！"

男孩惊喜地说："不会吧，这么好，该不会是跟我开玩笑吧？"

老板哈哈一笑："是你先跟我开玩笑的！"

年轻人在涉世之初，往往对现实的世界认识不清，仍然生活在自己想象

的世界中，以为生活会按照自己设想的轨道前行。然而，现实生活并不像你想象的那样美好。想象成功本身没有错，错在没有树立一个合理的目标。

尽早梦醒吧，没有比漫无目的地徘徊更无法忍受的了，如果你不知道你要到哪里去，那你哪也去不了。二十几岁的迷茫，就意味着三十岁的恐慌、四十岁的无能。

抛开理想主义和漫无目标，开始接受目标的驱使吧。不论出身而是尽早梦醒、量身设定目标就能换来“好命”。

2. 所谓捷径就是少走弯路

对一艘没有航行目标的船来说，任何方向的风都是逆风。通向成功彼岸的航线不是客观存在的，所谓的捷径更是无从说起。

初入职场的年轻人试图在代代轮回的抉择怪圈里、在困惑与恐惧中找到通往阳光大道的捷径。但成功是没有捷径的，所谓捷径也仅仅是从巨人的肩上出发，少走弯路。

美国的一个机构经调查后认为，一个人之所以失败，90% 是因为这个人的周边亲友、伙伴、同事、熟人都是些失败和消极的人。没有好的思想来引导激励，没有好的方法来指导成功，走下坡路是必然的。因此，向成功人学习成功的方法，不仅可能获得成功，而且可能早日获得成功。

机遇总是喜欢光顾有准备的人。只要你仔细观察，用心分析，就能在成功的人中找到你想学习到的成功之道。

曾经只会购买翻 10 多倍的可口可乐的股票的沃伦·巴菲特，如今是华尔街鼎鼎有名的“股神”。当被《财富》杂志问及如何才能像他这样富可敌国时，巴菲特这样说道：

> “我衷心地给你们一个建议：选择一个你钦佩的人，把你的理由写下来。再写下一个你最讨厌的人的名字，写下这个人令你拒之千里之外的原因。然后看那个你钦佩的人是怎么做的，把他的行为变成自己的习惯，同时留心你讨厌的人身上应受到斥责的东西，并决心不犯同样的毛病，如此去做，你也能够成为富翁！”

有时候决定一个人的身份和地位的并不完全是他的个人才华，而是他关注着什么人。榜样的力量是无穷的，你可以没有榜样，但不能缺乏让你关注的人，一个人之所以成功，总有他过人的地方。不妨先去学习别人成功的经验，因为从他们身上你可以“吃一堑，长一智”。

3. “米”字路口用心寻对路

在这个世界上，通向成功的道路何止千万条，但你要记住：所有的道路，不是别人给的，你有什么样的选择，也就有了什么样的人生。你有什么样的职业选择，你就拥有什么样的职业生涯。你今天的现状是你几年前选择的结果，你今天的选择决定你几年后的职业状况。成功者与失败者的区别在于成功者选择了正确的方向，而失败者选择了错误的方向。

提起北大日语专业的学生李莹，学校里无人不知。她被称为北大的校花，学习成绩好，人又长得漂亮，是学校话剧社、歌舞团的活跃分子，朗诵获得过一等奖，连续5年出任校级文艺演出主持人。

在老师和同学的心目中，李莹前程似锦，等待她的是铺满鲜花和阳光的大道。这样的估量一点没有错。1992年毕业时，3个美好的机会和前景降临到她头上：外交部门、研究单位和日资企业。但是她一一拒绝了。“我从小就知道，自己要的是跟别的女孩子不一样的生活。”她想要的是：“有那么一天，拥有一笔财富，无须看旁人眼色，买喜欢的衣服，去想去的地方，自主决定情感的施与受……”要如此的自由自在，最理想的职业便是经商，李莹下定决心，纵身一跃——真的“下海”了。

选择什么职业和工作将决定她今后一生。她23岁开始做汽车贸易，3年内就赚了1000万元；她被评为“北京十大杰出青年”、“中国经济女性杰出贡献人物”，曾被一些媒体评为“亚洲最时尚魅力女人”。

李莹说：“做生意不要把自己的眼光仅仅盯在‘生意’这两个字上，‘生（升）意，生（升）意’，我觉得只有‘意’先升起来，生意才能火起来。不能目光短浅，光盯着一台车赚了多少钱，更多的是看看给客户提供了多少附加值。”正如宝马中国区总裁给予李莹的评价一样，她是一个“知道自己要什么的女人”。

在职业生涯之初或者遭遇困境的时候，你的个人选择余地非常的小，此时的你并不能完全自主地作出决定，但是有志者自有千方百计，无志者只感千难万难，无论如何，你总是会有一定的选择余地的，如何把握有效的选择权，使你的职业路径逐渐走向一个正确的方向是非常重要的，只有这样，在职业发展的长征路上，你的路才会越走越宽。

第二节　别怕输在起跑线，成功赢在转折点

人们普遍认为良好的开端是成功的一半，不能让自己的人生输在起跑线上，因此人们相信起点决定了一个人的成败，起点越高就越容易成功。其实不然，起点固然重要，但真正决定人生走向的却是转折点。

人生也许会有很多个起点，但只有几个转折点。

我们现在在干什么，不代表我们将来还要干什么。

我们现在无所作为，不等于我们将来仍无所事事。

1. 毕的是校园的业，校外生涯刚开始

人生是一条路，不会一直是平坦的，总会有起有伏；人生像一条河，不会一直是顺畅的，总会有曲有弯。

如果你仔细观察，就会发现，在这起伏和弯曲中，实际就那么几个转折点。但就这寥寥几个转折点，却画出了你一生命运的轨迹。

因此，漫漫人生，我们一定要关注这几个转折点，在转折处，一定要多下点工夫，尤其要注意方向。从某种意义上说，方向对了，就成功了一半；方向错了，一切就全都错了。

成功的人不是赢在起点，而是赢在转折点。

疯狂英语创办者李阳，在中学时学习成绩很不理想，甚至曾几度产生退学的想法，而在兰州大学读书的时候，他也曾多次补考英语。为了改变这种窘境，李阳从口语突破，并独创性地将考试题变成了朗朗上口的句子，然后脱口而出。经过四个月的努力，李阳在随后的英语四级考试中获得全校第二名的成绩。

此后李阳摸索总结出一套独特的以一个非英语专业的英语学习失败者为基点的英语学习法，人称“疯狂英语”，许多人都有跟他在操场上张大嘴挥着臂大喊的经历。

李阳用其独创的方法练就了一口连美国人都难以分辨的地道美语，他配音的广告在中国香港和东南亚电视台广泛播送。同时，他也是广州著名的独立口译员、双语主持人和美国总领事馆文化处、农业处、商务处的特邀翻译，被人誉为“万能翻译机”。1994年，李阳辞去在广东电台的工作，经历了一个新的转折，创办了李阳·克立兹国际英语推广工作室，全身心投入在中国普及英文、向世界传播中文的事业。

当年成绩平平甚至挂科连连、自卑而失落的李阳，却最终以最自信的姿态站到了语言培训的讲台上，试图让中国人说一口流利的英语。李阳从绝望的拐角寻到了希望。

工作头几年，每个人都站在人生的一个新起点上，一切都要从零开始，也许很艰辛，但一定要相信在转折处方向盘在你自己的手里，该出手时就出手。

2. 与其毕业即失业，不如破茧成蝶慢飞舞

说毕业等于失业是一种针对现实的悲观态度，毕业的实质就是“走出北大仍是零”。尽管现在的就业形势严峻，可是只要善于利用时机，踏实工作，你就会像蝴蝶一样实现自我突破。

刚迈入社会的年轻人，总是喜欢拿自己的收入同学历比自己低的人比，然后一个这样的结论出炉：大学生拿这么少的工资有什么意思？于是他们给自己定下一个较高的月收入目标，用这个薪金标准找工作，结果老找不到。

工作头几年，你要知道，职场里较量的是工作能力而不是学历。“眼高手低”是多数企业对刚刚毕业的大学生的一个较为普遍的评价。简单或者机械般的工作内容或许让你感觉“屈才”了，但如果你认真地做好当前所谓的不能体现自身价值的工作，人生的转折便会就此开始。成功往往始于做好简单的工作，就连李嘉诚也不例外。

李嘉诚，曾连续多年稳居全球华人首富宝座。他的成功始于简单的推销工作，出色的推销成绩。李嘉诚18岁就做了部门经理，两年后又被提升为公司的总经理。李嘉诚从来不喜欢高谈阔论，从一名普通推销员到经理的职位转变，靠的是他的勤劳和创新。

在这家公司里有7名推销员，李嘉诚是最年轻的，资质也是最浅的。而其他的则是历次招聘中的佼佼者，经验丰富，有着较多的固定客户。

李嘉诚不想输给别人，他给自己定下了目标：3个月内干得和别的推销员一样的出色，半年后超过他们。李嘉诚自己给自己施压，有了压力，才会发奋拼搏。

由于客户远在港岛中区和隔海的九龙半岛，李嘉诚每天都要背一个装有样品的大包出发，乘巴士或者坐轮渡，到达目的地后马不停蹄地走街串巷推销。李嘉诚说："别人做8个小时，我就做16个小时，除此之外别无他法，只能以勤补拙。"

李嘉诚做任何事情都会感谢过去生活对他的磨砺。他不属于身强体壮的后生仔，而像文弱书生，背着大包四处奔波，实在勉为其难。幸亏他做过一年的茶楼跑堂，拎着大茶壶，一天10多个小时来回跑，练就了腿功和毅力。

要做好一名推销员，一要勤勉，二要动脑，李嘉诚对此有深刻的体会。

李嘉诚推销新的产品——塑胶洒水器，拜访了几家都无人问津。这一天上班前，李嘉诚来到一家批发行，等职员上班后好联系洽谈业务。清洁工正在打扫卫生，李嘉诚灵机一动，自告奋勇用那洒水器帮清洁工洒水。李嘉诚期望遇到上班的职员，能够亲眼证实洒水器的作用，这样洽谈起来更有说服力。果真就有职员早到，而且还是负责日用器具的部门经理。李嘉诚很顺利地达到了目的，该经理很爽快地答应经销塑胶洒水器。

任何一个人的人生成功过程都不是一帆风顺的，也都不是一步登天的，从自己的脚下一步步做起，一步一个脚印走向成功才是从量变到质变的根本。人生需要积累，生活的磨难和锻造往往是宝贵的财富。

李嘉诚曾经说过："在20岁前，事业上的成功百分之百靠双手勤劳换来；20岁至30岁，10%靠运气好，90%仍是由勤劳得来。"毕业头几年的你也许只找到一份差强人意的工作，但只要从这里出发，耐心地沉淀自己，从这份工作中汲取到营养，厚积而薄发，就能迎来成功。因为在拐点处只要坚持磨炼自己，就能破茧成蝶慢飞舞。

3. 放错位置的财富，也未必就是垃圾

西方有这样一句名言："垃圾是放错位置的财富。"是不是人才，关键是看把他放在什么位置上。

但不是每个人都那么幸运能找到合适的单位，并被安排到适合自己的岗位上。由于人口压力使就业情况不容乐观，在日趋激烈的竞争中，能找到让自己满意的工作已是难上加难。

但人是具有很强可塑性的，兴趣是培养出来的，如果你用心去做一项工作，定能从中收获乐趣。如果你不用心，你是不会爱上什么工作的，终会一事无成。目前，跨专业就业的人越来越多，随着工作实践的深入，相当一部分人已经爱上他们的工作，并有所成就。

工作头几年，你需要正视一个问题：就业形势再严峻，你也需要工作；找到的工作再不满意，你也只有面对才能解决问题。希望就在拐点，而“干一行，爱一行”的精神能帮你迎来人生的拐点，并且这个工作理念就算在就业寒冬季节也不会过时。

“干一行，爱一行”，也就是说要认真对待工作，恪尽职守，爱岗敬业，享受工作的每一天，除了每天尽职尽责外，工作之余还自觉自愿地想着怎么样把自己的工作做得更好，自己去找新点子、新资料、新方法。

被大家熟知的中央电视台《开心词典》的著名主持人王小丫，曾经做客北京师范大学讲述了工作的“经验之谈”。让现场的学生吃惊的是，大学毕业后的王小丫竟然当过抄信封的小编辑，而且一干就是三年。

王小丫就读于四川大学经济系，毕业后被分到一家经济类报社当记者。她校对、组版、写信封、打水扫地，什么都干，这与她憧憬的记者生涯大相径庭。整整三个月，她都是在桌案上抄信封与信封为伴。

当时她感到很失望，甚至是绝望，大学毕业怎么就干这个谁都能干的写信封的工作啊？虽说一时有些想不通，可她照样好好干。三个月之后，她写信封写得又快又好，快得一个人能完成三个人的工作量。

坚持把简单的事情做好就是不简单，坚持把平凡的事情做好就是不平凡。她的事业转折点就此开始了，领导看她表现十分突出，就主动地问：“想不想干点什么其他工作？”

从此以后，她先后成了文摘版、理论版和副刊的编辑……

只有经历了，才会更成熟。王小丫回顾自己的第一份工作时深有感触地说：“找到第一份工作时，千万不要寄予过高的期望，但要学会坚持。”

如果当时王小丫没有“干一行，爱一行”，就不会迎来人生的拐点，我们或许就不会看到荧屏中的王小丫了。

“干一行，爱一行”是最好的工作态度。它并不是随意扼杀个人的兴趣爱好，让人变成工作的奴隶。恰恰相反，它是一种积极的工作理念，充分发挥了人的主观能动性。

第三节 别怕没有掌控权，相信命运靠自己

刚刚步入社会的年轻人，对于工资待遇不高的工作往往弃而远之。高不成低不就的就业心理源于急功近利、好高骛远、目空一切、自我认可度过高的思想。

工作头几年，要清楚地认识到学历不等于能力。学历只代表学习的经历，只有真正有能力的人才算是一个合格的社会人才，而能力总是在实践中通过经验的累积得到提高的，因此在现实的工作中，经验往往比学历更重要。

1. 挣的不是钱是经验

对于初入职场的年轻人，如果在学校里没取得突出的成绩，只拿到学士或者硕士学位者，获得高薪基本无望。因为文凭和学位，解决不了市场和客户的任何问题。更没听说哪家企业因为雇用的全是拥有博士学位的人，股票市值就猛涨不止。

实践出真知。生活中处处需要经验，经验又是在生活中积累或学习而来的，有时候经验的多少直接影响着生存的质量。对于工作，经验是非常重要的，有时候胜过学识。人们需要从工作和生活中总结各种各样的经验，以保证以后的工作和生活的顺利进行。

一个行业中顶尖的人才都是经过市场锤炼的。如果你还年轻，那么对你来说，重要的是要善于学习、善于从实践中获得经验。

“我可以看微软的书，但永远看不到其精华，我要进去学，这也是一个很大的赌注，我要放弃所有的一切进微软，一切从头来。我当时有三家公司，如果我和盖茨说给我副经理的职位，这肯定不可能。因此我要能上能下，我应聘工程师是行的，所以我进微软是通过做软件工程师进去的。想了解微软之所以成为微软的秘密，除了投身于其中，别无他法。否则，即使住在比尔·盖茨隔壁也不行。”唐骏如是说。

为了了解微软何以成为微软，为了投身其中，1990 年在日本攻读完研究生课程后，唐骏飞往美国攻读计算机专业的博士，并于 1994 年加入了微软公司。唐骏甘心从一名 Windows NT 开发组的小程序员做起，当时微软里像他这样每年拿着五六万美元的小工程师不下万人，他就像撒哈拉沙漠里的一粒沙。

但他来微软不是为了挣几万美元的年薪，而是为了获得比金钱更重要的工作经验。

唐骏选择来微软，当时他给自己定的规划就是希望能够学到微软的管理理念、管理模式、市场运作方式等，他也正是凭借这种学习的心态而非挣钱的思维收获成功的。

不少年轻人，总是奢望从事理想中的工作。然而，很多好工作是无法等来的，你必须选择一份工作作为进入社会的敲门砖。职业旅程中的第一份工作，无疑是踏入社会这所大学的起点。即使你找了一份差强人意的工作，那么也请你从这里出发，沉淀自己，从这份工作中汲取到有价值的营养，厚积而薄发。能成大事者，即便身处最底层，也始终目标明确、信心坚定、思维活跃，所以能够不断发现新机会，很快跑到别人前面。

2. 搏的不是利是人生

初入职场的年轻人，在事业上就像蹒跚学步的孩子，工作经验、社会实践、行业人脉有限。他们需要别人提供学习、实践的平台，这个平台对他们来说，就是一个规划人生的机会。遗憾的是，很多年轻人被眼前的工资、待遇、职务等小小的利益诱惑了，然后困惑了，不知道为了工作拼搏究竟是为了什么。

人生能有几回搏，此时不搏，更待何时？但现实与理想产生差距时，是一味地追求眼前的利益还是为了自己的目标而拼搏？

从一名建筑工人做起，经过不懈努力，成为美国第二大钢铁公司董事长的齐瓦勃曾经说过："我不只是在为老板打工，更不单纯为了赚钱，我是在为自己的理想、自己的前途打工。"

工作头几年，多数受过高等教育的年轻人都是被雇用为他人打工，因此不免会产生自己所做的一切都是为了别人，无论自己多么努力都只是在"为他人作嫁衣”的感觉，于是心不甘，情不愿，工作没有动力，很累。

站在拥挤的公交车上，反观堵车队伍中坐在私家车里的老板们，他们也不轻松。他们心甘情愿、不知疲倦地工作，只是为了创造比别人高出数十倍甚至上百倍上千倍的价值。

即使是在微软那样给员工免费提供个性化的服务的大公司，“世界上没有免费的午餐”这句话也一样成立。大公司把你当成家人看待，你也要为家人卖命地工作，加班更是家常便饭。

倘若厌倦加班，总是认为被剥削了，那么你很难在工作中找到乐趣。工作，对于你来说更像是一种无形的苦役。每时每刻，煎熬与痛苦向你袭来。在这样的工作中度过你人生当中最重要的几年，无非是浪费了生命。

一个辞去了国家机关的工作，从新疆来到了上海闯荡的大学生，奋斗5年从月薪3500元到7000元的过程中，从来不计较加班、补助。5年后，他凭借自己积累的经验，开始了艰难的创业生涯，虽然过程艰辛，但最终获得了成功，并为自己的人生增添了一道亮丽的风景线。

你为谁工作？为老板？为幸福？还是为社会？这些都不是。工作头几年，必须对自己的人生目标有一个清晰的认识，另外还要认识到工作是为了实现你的人生目标，而公司为你提供了实现人生目标的平台，那就请你用心地施展吧！

第四节　别怕自己总吃亏，吃亏才是占便宜

工作中，活干得比别人多，你觉得是吃亏；经常加班加点，你觉得是吃亏；钱拿得比别人少，你觉得是吃亏……其实，吃亏不是灾难，不是不幸，不是失败，吃亏也是一种生活哲学。现在吃点儿小亏，为成功铺就道路，也许在未来的某个时刻，你的大福突然就来了。

1. 先吃亏的人未必吃亏到最后

肯于吃亏是做人的一种境界，是处世的一种睿智。

网易创办者丁磊正是在吃亏中登上成功的高峰的。

丁磊将网易从一个十几个人的私企发展到今天拥有上千名员工，并在美国公开上市的知名互联网技术企业。

当丁磊瞄准开发 Hotmail 的时候，网易准备借 10 万美元买一套 Hotmail 系统，在中国建免费邮箱站点。

他认定免费电子邮箱要想成功一定得有一个朗朗上口的域名才行。凌晨 2 点，丁磊突然想到可以用数字表示域名，中国数字的发音特别干脆，而且 163、169 在中国已经具有了指向 Chinanet 和电信局以及 Internet 的含义，上网的人每天都要拨 163，对它熟悉得不能再熟悉了。

想到这儿，他查询了一下 163. net 和 163. com 这两个域名，谢天谢地，还没有被注册。注册下这两个域名后他又一口气注册了 188. net、188. com、166. net、166. com、126. net、126. com、419. com 等一大串域名。

万事俱备，但当丁磊向电信局申请增加免费邮箱服务的时候，却碰到了困难：广州电信不容许网易独立经营免费邮箱业务。

他拿着免费邮箱的可行性分析四处寻求合作，结果遇到最多的质疑是："这个项目什么时候可以赚钱？"丁磊老实地告诉人家："我不知道什么时候可以赚钱，但我知道这个项目很有前途。"这样的回答自然很难让人满意。

此后，丁磊向广州电信抛出了“合作经营，不让电信局出一分钱，软硬件全由网易投入，而利润6:4分成（电信得6）”的方案。

他最早是不同意出售网易的免费邮箱给广州电信的，但因为没有找到合作伙伴，为了网易的正常运作，最后只得同意了。广州电信提出要同时附送163域名，丁磊回忆说：“这一送，我也知道里面的价值含量有多少。广州电信建163. net，连硬件投资只用了100多万元，其中硬件和数据库系统的投资占整个投入的75%。我们税后利润很少，但网易的发展需要资金注入，不得不为之。”

网易架在广州电信局的服务器是丁磊花2万元自己动手装的一台奔腾PRO，硬盘容量为18G。这样大的硬盘仅用来放网易用来宣传公司的一个主页和BBS未免太浪费了，于是丁磊便决定免费向网友提供每人20M的个人主页空间，为此，丁磊还专门写了一个包括计数器、留言本功能在内的个人主页服务系统。

但就是没有什么人来网易申请个人空间，因为那个时候会做主页的人很少，网易的影响不够大也妨碍了网友把主页放在网易的信心。

公司还没赚到钱，为什么还要把钱花在不赚钱的个人主页上？丁磊的回答质朴得有些不合逻辑：“如果我当初就考虑去做站点赚钱，可能就把路走错了。我受Linux影响很深，觉得服务就应该是免费的，根本没想到网站今后会有收益，我只是想硬盘闲着也是闲着，不如拿出来给大家用……”这也是网易之所以成功的一个很重要的原因。

在网易发展的过程中，利润空间少得可怜，又吃了广州电信局的大亏，但后来却是另外一番景象。

在www. 163. net开放使用之初，市场就反应强烈，注册用户数以每天2000人左右的速度递增，很快用户已经达到35万。163. net成功后，很多公司纷纷打电话到网易要求购买该系统，这和一开始丁磊四处寻求合作伙伴却没人理睬的境况形成了鲜明的对比。在全世界都认为Internet目前尚处在投入期的时候，网易1998年的利润却已经达到了400多万元。

学会先吃亏，然后才能收获事业壮丽辉煌的丰硕成果，这也是初入职场的年轻人应该学习的大智慧。

2. 吃亏加班的人最有机会获得晋升

对于“你经常加班吗”这个问题，早在2007年在对将近7000名都市白领的调查中就有了结果，64%“经常加班”，27%“偶尔加班”。从每次加班时间来看，2小时以上的多达78%，而超时加班能获得补贴的员工只占17%。

就连像微软公司这样世界精英云集的地方，公司进行着人性化的管理，在没有时钟的办公大楼里，在相对独立的可以闭门的办公室里大家凭良心上下班，但加班多少也是不可避免的，他们可以全天候地加班，然后住在为员工提供的房间里。越是大公司加班加点越是家常便饭。

工作几年后的年轻人，加班已不知不觉地成为你生活的一部分！如今，没有人可以对它视而不见，无论你抗拒也好，厌恶也罢，加班已经实实在在地走进了你的生活。

加班虽然不是员工的义务，却已成为职场成功的潜规则。

一个不可否认的现象是，今天的成功者往往都在年轻的时候，付出了超出常人的努力与艰辛。他们中的大多数也都曾经每天工作15小时，甚至他们有的已经不再年轻，却还神采奕奕。

这些成功者的内心有极强的成功信念，这个信念足以支撑他们去克服许许多多的困难，包括超量的工作。

五年前，马柯·戴勒是一家饲料厂的速记员。

他的上司叫阿尔塔斯，工作懒散，时常把应该自己去做的工作交给手下去做。于是马柯不得不同时承担起近乎两倍的工作压力，加班加得很晚，而薪水却并没有被提高。

但他并没有对上司的苛刻表现出丝毫微词，因为作为一个新人，他珍惜这个工作的机会，除了把阿尔塔斯交代的事情做好之外，他别无选择。

“就当是免费地锻炼自己吧。当我干速记员的时候，已经在行使一个经理的职能了。”每当累得喘不过气的时候，马柯就这样在心里安慰自己。

一次，阿尔塔斯接到了一个任务：为老板艾默尔先生的欧洲之行整理一个简明的电报密码本。这只是一件再普通不过的事情，他转手就把这件事交给了马柯去办理。

几天后，艾默尔先生拿到了这个电报密码本。它是用打字机打印出来的，用胶装好，还特意加了一个结实漂亮的封皮。

“这大概不是你做的吧？”艾默尔先生拿着这个本子翻来覆去地看，爱不释手。

“不是……”阿尔塔斯怎么也想不到老板会提这样一个问题。

“那么，它是谁做的呢？”

“是马柯·戴勒，我的速记员。”

“你叫他到我这里来。”

五分钟后，马柯同样莫名其妙地坐在了艾默尔先生的面前。

“年轻人，你怎么会想到把电码本做成这个样子呢？”艾默尔亲切地问道。

“我想这样不但好看，而且用起来会更方便些。”

“你什么时候做的呢？”

“我是晚上在家里做的。”

“是吗，非常感谢你，我太喜欢它了。”

几天后，马柯·戴勒便拥有了一张更大的办公桌。后来，他就代替了阿尔塔斯的位置。再后来，他成了这个饲料厂的厂长。

加班是认真工作的一个体现，一直认真，那晋升、加薪的机会就会降临了，年轻的你，不趁年轻的时候加班发展自己的事业，又待何时呢？

3. 原来主动吃亏得到的却更多

吃亏是福，这是一种非常崇高的境界，是一种处世的智慧，是一种大智若愚的表现。

现代社会是一个竞争激烈的社会，我们不得不经常处于与人竞争的关系中，这其中的酸甜苦辣是我们生活的重要组成部分。

人都有利己之心，面对诱惑都会不自觉地趋利避害。然而，真正为人处世的大智慧却是学会吃亏。可以说，做人的可贵之处就在于乐于亏己。

在工作中，每个人接触最多的就是同事。同事分为领导、下属、竞争对手等，可无论如何，同事之间最需要的是尊重。真诚地对待同事，有理、有礼、有节地处理关系，携手同行是最现实、最正面的做法。

作为一名新人，在新的公司，不论见到谁，都先主动微笑问好打招呼；在办公室，主动打扫卫生，主动做大家的勤务兵。你这样做，不会失去什么，反而会对你大有好处，最起码能树立你在大家心目中的形象。既然没有失去什么实质性的东西，那么何乐而不为呢？

当然，你还是要把主要精力放在工作上。当你把精力全部都投入到自己的工作上的时候，你似乎再也看不到别人的眼神，听不到别人的评论了。

有一个文笔很好的年轻人，大学毕业后就进入出版社做编辑。

那时出版社正在编辑一套书籍，每一个编辑都很忙，但总编并没有因此增加人手的意思。编辑部的人被派到发行部、业务部帮忙也是常有的事。但整个编辑部只有那个年轻人接受总编的指派，其他的编辑都是去一两次就抗议了。

虽然他认为吃亏就是占便宜，但在这件事上实际上也看不出他有什么便宜可占，因为他要帮忙包书、送书，纯粹是个苦力工！

他真是个可随意被指挥的员工，后来他又去业务部，参加直销的工作，此外，连取稿、邮寄……只要开口，他都乐意帮忙！他成了编辑部的老好人，他与很多同事包括领导都建立起深厚的友谊。

“反正吃亏就是占便宜嘛！”他这么说。

两年过后，他自己成立了一家出版公司，因为知道他为人坦诚、敢于吃亏，以前出版社的同事都愿意与他合作，就连领导也支持他的公司的发展。

原来他在吃亏的时候，把一家出版社的编辑、发行、出版等工作都摸熟了，他真的是占了便宜啊！

现在他仍然抱着这样的态度做事。对作者，他用吃亏来换取作者的信任；对员工，他用吃亏的态度来换取他们的责任心；对印刷厂，他用吃亏来换取品质……

由此看来，吃亏真的可以占便宜，当然，他也因吃亏而得到了更多的快乐。

吃亏就是占便宜！尤其是年轻人更应记住这一点，这是累积经验、提高自己做事的能力、扩大人际关系网络的最好办法。如果想占便宜，眼前就要多吃点亏。

傻人有傻福，因为傻人没有心计。和这样的人在一起，身心放松，没有太多警惕，就能相互靠近。傻在很多时候意味着执著和忠贞，也意味着宽厚和诚实，让人不知不觉站到他一边。与这样的人共事，能释放内心的真诚和执著，这也是每个人都希望的工作氛围。

工作头几年，是人生中的一个完成蜕变进化的过程。在这个过程中，我们学会了吃亏，并在吃亏中不断地学习，默默地经营自己，积蓄力量，才可能在30岁后坦然地说“不”，也才能真正拥有选择权。

第五节　别怕自己不发光，好钢需要火来炼

别人把一件小事交给你做，你做好了，小材最终可以磨炼成大材。小用你，是因为你还需要磨炼，还需要成长。其实，是珍珠便终归会发光，如果你怀有真才，终究会被社会所赏识的。退一步说，即使你真的暂时怀才不遇，这也是平常易见的事，也用不着为此唉声叹气。人只有不断地给自己充电，使自己真正成为社会的有用之人，机遇自然会在不远处等着你。

1. 小用你，因为你还不是大材

有一个自以为是的年轻人毕业后一直找不到理想的工作。他觉得自己怀才不遇，对社会感到非常失望。他感到没有伯乐来赏识他这匹“千里马”。痛苦绝望之下，他来到大海边，准备寻短见。

这时，有一个老人从这里走过。老人问他为什么要走绝路，他说自己不能得到别人和社会的认可，没有人欣赏并且重用他。

老人从脚下的沙滩上捡起一粒沙子，让年轻人看了看，然后就随便扔在地上，对年轻人说：“请你把刚才我扔在地上的那粒沙子捡起来。”

“这根本不可能!”年轻人说。

老人没有说话，接着又从自己的口袋里掏出一颗晶莹剔透的珍珠，也是随便扔在了地上，然后对年轻人说：“你能不能把这颗珍珠捡起来呢?”

“这当然可以!”年轻人自信地说。

这个老人真的很有智慧。有的时候，你必须知道你自己是一颗普通的沙粒，而不是价值连城的珍珠。若要使自己卓然出众，那要有鹤立鸡群的资本才行。所以忍受不了打击和挫折，承受不住忽视和平淡，就很难达到辉煌。所以，你要做的是努力使自己成为一颗珍珠。

约翰是美国一家出版公司的著名编辑，他策划的图书销量很多在100万

册以上，同时他把很多无名的作者培养了成畅销书作家。因此，很多想成为畅销书作家的文学爱好者都渴望得到约翰的指点。

有一个叫迈克的年轻人，对他非常崇拜，便直接找到约翰，想跟着约翰学习社科类图书创作。

那时约翰正在接待一个作家，便拿出一篇文章交给迈克说："这是一个作者的投稿，请你仔细看一下，把里面的错字挑出来，改成你认为正确的字。"

迈克一听很生气，心想：我的梦想是做一名畅销书作家，不是挑错字的校对员。于是他很草率地把稿子看了一遍。

约翰回来，问迈克稿子看得如何。迈克说，我认真地看过了，里面没有什么错。他认为，只要交给约翰看的稿子，应该都是作者校对过的稿子，不可能有错。再者说，自己是来请教如何写畅销书的，能不能看出错字无关紧要。

其实那是约翰自己写的稿子，写完后还没认真修改和校对过。他坐下来认真地看了一遍稿子后，委婉地对迈克说："真的很遗憾，我不能帮助你实现你的梦想……"

迈克听了非常生气，说："你不也是从无名到有名的吗？连问我写过什么都不问，就这样武断地说我不合适，凭什么？还说我连基本的做人和做事的道理都不懂，你像我这么大的时候就什么都懂了吗？都说你是文学青年的伯乐，我看你简直就是文学青年的杀手！"

约翰微笑一下说："你这样说，更证明我的判断没有错！年轻人，我送你一句话：既然自己有梦想，就更应该了解自己的能力，正确对待自己的工作，做好手头上的事情，否则将一事无成！"

迈克后来做过很多事，没有一件事情做成功。直到现在，他也没弄明白为什么约翰会拒绝他。

约翰之所以拒绝迈克，就是因为他高傲的态度，错误地判断自己的工作，没有把约翰交代的很简单的工作做好。一个人的能力再强却不能把小事做好，公司怎么敢把重要的事情交给他做。请记住：公司只会大材小用绝不会小材大用。

2. 选择你，因为你有种子心态

世界上不可能到处都是金子，每个人不见得都是杰出人才。著名的"杂交水稻之父”袁隆平有一句名言：“人就像一粒种子，健康的种子，身体、精神、情感都要健康。我愿做一粒健康的种子！”如果你安心将自己视作一粒健康的种子，无论种在哪里，哪怕是在贫瘠的土壤里或狭小的石缝中，也要倔犟地破土而出，努力地茁壮成长。

如果我们把那些通过奋斗取得成就的人比喻为终于发了光的金子，那么那些还在奋斗的人就是种子。

全心全意地做好每一件事，成为初入职场的年轻人的难题。心浮气躁，已经成为整个社会的通病。在这个浮躁的职场里，谁能静下心来，简单地认真地钟情于干一件事，反而成了最难的。但谁能如此，谁就跨出了迈向成功的第一步。

小张和小李是大学同班同学，毕业后他们在一家皮具生产公司找到了工作。上班第一天，经理把他们带到生产车间的流水线旁，让他们跟领班熟悉岗位，并说：“公司为你们提供一个月的试用期，是否继续聘用你们，就看你们的表现了。”

开始的时候，两个人干起活来都很有积极性，虽然每天重复着简单的劳动难免让人厌烦，而且上夜班也非常辛苦——不仅要聚精会神工作，还要与瞌睡作斗争，但他们还是非常努力地去做了。

一个月的试用期很快结束了，他们对自己信心百倍。试用期的最后一天恰好是夜班，经理在晚饭后叫住了他们：“很抱歉，经过公司人力资源部的考察，你们两个人都没有通过公司的试用，上完这个夜班，你们就可以走了。”说完，他把这个月的工资交给他们，转身离开了。

没想到会是这样，两个人都呆呆地站在那里。不知道过了多久，小张说：“该去上夜班了，我们走吧。”小李说：“你傻吗？我们已经被解雇了”！“可是，如果我们都不去上夜班，那厂里的生产线怎么办？”

“你想去你去吧，反正我不去了。”小李说完就走了。

小张决定继续去上夜班，他想，公司给了一个月的薪水，自己虽然被解雇了，但那是明天的事儿，只要在职一天，就应该负责到底。于是，他像什么都没有发生一样换上工作服去上夜班了，没有因为已经被解雇而有丝毫的马虎和懈怠。

第二天一早，当小张收拾好东西走出车间准备离开的时候，却见经理满面笑容地迎了上来，说：“恭喜你，你的试用期正式结束，请你明天到办公楼去接受新职位的安排。”小张大惑不解，经理说：“你们两个优秀的人我们只能留下一位，我之所以选择你，是因为你的踏实，耐心做好一件简单的工作。”

金子能发光，种子能发芽。初入职场的年轻人，担心在职场中自己不是一块金子，没闪光之处；请坚信自己是一粒种子，在适合的土壤中，在充足的阳光下，你就会茁壮地成长。与其沉醉于怀“金”不遇之中，还不如甘当一粒健康饱满的种子，牢牢扎根在平凡岗位的土壤中。

3. 淘汰你，只是因为你不适合

每一片土地都有适合种植的种子，同样，每一粒种子都有适合它生长的土地。每个人成才之前，都是一粒种子。这粒种子饱满也好，干瘪也罢，总会有适合它生长的土壤，但你不能奢望它在任何地方都长成参天之木。工作头几年，你或许是没有光泽的铁，无人问津，但是请相信，经过不断的锤炼，烈火的考验，你定会成为钢制的职场达人。

方正一心想进入大型外企工作，这个想法早在大一时就已经确立。他发现在外企的师哥、师姐当中的很多人都曾经在学生会待过。就这样，方正也进了系学生会。从普通干事到系学生会主席，他的综合素质得到了极大的提高，无论是文笔、演讲还是活动组织都做得十分出色。

进入大四后，当其他同学早已为求职忙前忙后时，从学生会主席退下来的方正才刚刚着手制作简历，以至于没赶上很多场招聘会。回想那段日子，方正不断地找工作、投简历、面试、笔试。尽管方正也被一些公司录用，可他并没有最终定下来，他心中依然向往着大型外企。

之后，方正经历了多次大型外企的激烈竞争，虽然每次方正笔试都顺利通过，但是面试似乎总会成为他实现梦想的门槛儿，最终都由于他面试表现欠佳，离外企要求还存在一定差距而没有被成功录用。

像方正这样的优秀人才被淘汰，不能说缺乏识别人才的伯乐，只能说他不适合。

几次失败后，方正依然没有找到理想的工作。看着周围好多同学在这个时候基本都有了归宿，方正感到极大的压力。于是他不得不调整心态，准备在下一次的面试中好好发挥。

这时一家杂志社招聘编辑，方正向杂志社投递了简历，按照常规经过了笔试和面试后，在耐心等待下，方正被录取了。

还有一个例子：

建军同学在高中时学习成绩很不错，但由于考试时没有发挥好，结果高考落榜了。后来，他被安排到村里的一家冷冻厂当会计，但由于没有经验，还不到一个月就被厂里辞退了。他只好外出打工。他先后做过工人、超市收银员、快递员，但都半途而废。当他每次沮丧地回来时，他的母亲总是耐心地安慰他，从不会抱怨一句。

有一天，他问母亲，前些年他连连失败，自己都觉得前途渺茫，是什么原因让母亲对自己有信心？母亲的回答朴素而简单，她说："一块地，不适合种麦子，可以试试种豆子；如果豆子也长不好的话，可以种瓜果；如果瓜果也不行的话，撒上一些花草种子一定能够开花。一块地总会有一粒种子适合它，也终会有属于它的一片收成。"

到了30岁时，建军在家乡的一家托儿所当起了辅导员。后来，他自己开办了一家学前儿童教育学校。再后来，他在厦门成立了一所规模更大、管理更规范的学校，他是这所学校的董事长。

初入职场的年轻人，在职场中要坚信自己是一粒只要找到适合的土壤，有充足的阳光，就能茁壮成长的种子，最终能够在属于自己的领土上开花结果。

第六节　别怕今天很灰暗，相信光明在未来

工作头几年，你走出了校门就走出了象牙塔，没有了象牙塔的庇护就要自己坚强起来，学会照顾自己。我们要理性地分析自己的知识结构，有多少知识能够拿来运用，有多少知识干脆可以放弃不要。另外，毕业以后不要盲目地进行“睫毛形”考证学习，而是要进行高效性的学习，优化学习方式，将学习与社会实践相结合，然后选择一份有发展前途的工作，用心地去研究，认真地去对待，扮演好工作里的角色，这就是你目前要做的工作。

1. 透视镜中我，工作里的角色需入戏

古希腊特尔斐的阿波罗神庙镂刻着这样一句箴言：“认识你自己。”古希腊人把它奉为“神谕”，是最高智慧的象征。而象牙塔里的大学生作为现代社会的智慧象征，又有多少年轻人能够做到真正认识自己呢？

在每个行业里，都有很多出色的人才，他们之所以能存在，是因为比别人更努力、更智慧、更成熟。但是，最重要的是，他们比一般人更加职业化。

什么是职业化呢？职业化就是工作状态的标准化、规范化、制度化，即在合适的时间、合适的地点用合适的方式说合适的话、做合适的事，使知识、技能、观念、思维、态度、心理等符合职业规范和标准。一个人仅仅专业化是不够的，只有职业化的人才能飞在别人前面，让人难以超越！

连续16年担任美国联邦储备委员会主席的艾伦·格林斯潘就是一个职业化的成功典范。他曾从纽约著名的朱利亚音乐学院退学后学习经济学，走向了金融行业，此后扮演着美国经济晴雨表的角色。2000年开始后的第四天，克林顿总统选择再次任命他为美联储主席。克林顿继续任命格老的理由是，格林斯潘在过去十二年半的美联储主席生涯中，充分展现了三大特长，即专业技术、精密分析能力以及不失传统的常识判断。

格林斯潘在1988年1月的股灾前夕受命于危难之际，上任伊始就遇上了

1987年美国股市的“黑色星期一”，许多投资者甚至绝望自杀。格林斯潘冷静出招，他当时开出的药方是放松银根，终止股市继续恶性发展，稳稳地拨正美国这艘大船的航向。不少人认为，美国经济的长期增长在很大程度上归功于格林斯潘的利率政策，某种程度上他已超越党派，成为美国经济的舵手。

《国家观察》杂志则说，经济如同军事，在这个战场上谁也不是无所不能、无往不胜的神明，但格林斯潘却是一个高明的统帅，他的判断对的多、错的少，这实在很难得了。不少美国人说，格林斯潘是影响力仅次于总统克林顿的“美国第二大有影响的人物”。

俄国有一句谚语：“神赐予我们核桃，却不会帮我们打开它。”走出了象牙塔，迈向社会是必然，但社会不能给你适应社会的钥匙。工作头几年，年轻人要转换好角色，扮演好自己在工作中的职业角色。

2. 走在布满荆棘之路，迈向多元立体人生

步入社会之初，年轻人总会一点点经历社会里的酸甜苦辣。即使你不想去经历种种挫折，但挫折不会因你的哀求就会离你而去。在挫折面前，你只能选择坦然面对，因为只有经历了生命赐予你的挫折，你才会成熟，才会坦然看待生活中的得失。

不同的人有不同的人生，不同的人生有着不同的苦辣酸甜、不同的喜悲得失。面对人生，倘若能从容地选择最佳的应对方法，那么，屋子里将没有阴暗。

从前，有一对兄弟，年龄不过四五岁，由于卧室的窗户整天都是密闭着，他们认为屋内太阴暗，看见外面灿烂的阳光，觉得十分羡慕。兄弟俩就商量说：“我们可以一起把外面的阳光扫一点进来。”于是，兄弟两人拿着扫帚和畚箕，到阳台上去扫阳光。等到他们把畚箕搬到房间里的时候，里面的阳光就没有了。这样一而再再而三地扫了许多次，屋内还是一点阳光都没有。正在厨房忙碌的妈妈看见他们奇怪的举动，问道：“你们在做什么？”他们回答说：“房间太暗了，我们要扫点阳光进来。”妈妈笑道：“只要把窗户打开，阳光自然会进来，何必去扫呢？”

故事中，妈妈的淡然与镇定让原本阴暗的屋子，很快明亮了起来，原因

在于她选择了正确的方法。选择不同的问题解决方法就会有不同的视野，但既然选择了，你就要以灵活的方式全力去做，发挥自己的潜质。

有道是“路是人走出来的”，人在有路的地方行走，很多的时候都只能循规蹈矩，往往失去自我；人在没有路的地方行走，说不准会去到自己想去的任何地方，进而走出一条适合自己的道路。

基于此，迷茫的年轻人大可不必灰心丧气，如果能把工作头几年遇到的挫折当成是对自己意志的磨炼以及对人生的考验，天地或许会豁然开朗，古今中外这方面的例子实在不胜枚举。

明代大医学家李时珍三次科考不中，时年已24岁，他感到再不能虚掷光阴了，于是弃文从医，几经努力终成大医学家；爱迪生因成绩不好被学校开除，校方认为其不堪造就，可是他母亲努力发现和培养儿子具有创造力的特点，爱迪生终成发明大王。

或许你自己选择的路上荆棘密布，或许离成功隔着万水千山，但请记住，世界上最锋利的刀子是人的手，只要动手做，没有完成不了的事情。世界上最长的路在脚上，只要走，就没有走不到终点的征程。世界上最坚强的是人的心，在走到人生尽头之前要学会转弯，只要肯坚持，就可能成功。如果你不去经受磨炼，世界上最坚硬最锋利的东西就可能变成最脆弱的东西。

挫折，要么使人奋起，要么让人沉沦，这中间最要紧的是“志气”二字。先贤说得好：人，无志不立。有志者不一定什么都能事竟成，可无志者却只能一事无成。选定自己的路，不要气馁，抱着一颗“千淘万漉虽辛苦，吹尽狂沙始到金”的决心走下去，你一定能到达“罗马”。当你经历了挫折，你就会冷眼看待人生的得得失失，得之我庆幸，失去我淡然。

世间万事，不在你的掌控之内，我们唯有坦然面对生活给予的一切，不论是得还是失、是悲或是喜、充满幸福还是遭遇挫折。唯有经历了社会生活的种种，你才会成长、才会感悟、才会收获，也才会更坦然，才会在多元的人生中成就自己的精彩。

3. 遵“蘑菇定律”，为理想无奋斗不青春

“蘑菇管理”是一些组织对待初出茅庐者的一种管理方法，初学者被置于阴暗的角落，被放置于不受重视的部门，从事打杂跑腿的工作，时而被“浇

上一头大粪”——无端的批评、指责、代人受过，任其自生自灭——得不到必要的指导和提携。

初入职场的人也许曾有这样一段“蘑菇经历”，但这不一定是什么坏事，尤其是当一切都刚刚开始的时候，当上几天“蘑菇”，能够消除你很多不切实际的幻想，让自己更加接近现实，看问题也更加实际，更有利于消除自身的浮躁。职场新人能否适应商场中的行为模式和游戏规则，往往取决于在最初一段时间的经历，而“蘑菇经历”能加速职场新人适应社会的进程。

无论你是多么优秀的人才，在刚开始的时候都只能从最简单的事情做起，“蘑菇”的经历对于成长中的年轻人来说，就像蚕茧，是羽化前必须经历的一步。所以，如何高效率地走过生命中的这一段，从中尽可能吸取经验，成熟起来，并树立良好的值得信赖的个人形象，是每个刚入社会的年轻人必须面对的课题。

深圳万科股份有限公司董事长王石经历过这样一件事情：

一次，王石在日本买了一台很高级的数码相机，技术先进、好用又很有面子，所以很是珍惜。但在一次航海中，相机被巨浪打湿烧坏了。于是他托朋友去日本修理。

几天后，朋友把相机拿回来，却没有修理。朋友告诉他修理的价钱几乎和买个新的一样，于是他决定托朋友再去买个新的。他的朋友从日本打来电话，说修理相机的老师傅坚持不卖，还让把相机拿回去修理。他说，相机也是一个生命，就像一个孩子生病了，你是治呢还是让他死去？最后这台相机还是被修好了。

这个故事让他觉悟到，为什么日本东西造得好，原因就在于他们把一个东西当做一个生命来制造。如果每一个人把自己的工作当做生命来对待，会有怎样的结果呢？

工作除了提供使你活下去的报酬外，还能带给你生活的意义，让你充实，使你觉得生活有几分价值和温馨。

没有工作的人是空虚的，即使他们有活下去的财富；失业的人是不安的，因为他有生存危机，或产生一种莫名的恐慌。

工作是历练心智、激发热情、提高能力、增强适应力和施展才智最好的方法。生活离不开工作，但工作并不是呆板的机械运动，也不是冰冷的责任分工。工作，它充满了人情、热情、欢乐。热爱工作的人，工作就是生活的第一需要。工作使人振作、有活力、有朝气，但这必须具备敬业的态度才可能实现。

套用《中庸》的一句话说："至诚则灵。"人在如此投入的状态下，不但效率高，而且容易发挥聪明才智，把事业带到一个超然的境界，使人感到一种精神的享受，感受到一种情操的升华，感受到一种人格的锤炼。

初入职场的你应该做一头一步一个脚印的大象，耐心积累雄厚的实力。这样为青春奋斗也就无悔了。

第七节　别怕自己被利用，被用说明你有用

职场如战场，每个人都在老板、同事、下属编织的“关系网”中求发展，都在利用与被利用的重重关系中奋力前行。谁在利用和被利用的过程中创造了更多的剩余价值，谁就是赢家！每个人都有英雄情结，职场英雄更不例外。

谦虚过度，默默无闻，谁又知道你有用？像蜘蛛一样辛勤劳碌，还要学会晒自己，别人才知道你的利用价值。英雄总是被利用的！作为职场英雄，不怕被利用，就怕你没用！

1. 过度谦虚，有时让你没有用

谦虚谨慎是成功人士必备的品格，具有这种品格的人，在待人接物时能温和有礼、平易近人、尊重他人，善于倾听他人的意见和建议，能虚心求教、取长补短；对待自己有自知之明，在成绩面前不居功自傲，在缺点和错误面前不文过饰非，能主动采取措施进行改正。

美国第三任总统托马斯·杰斐逊出身贵族，他的父亲曾经是军中的上将，母亲是名门之后。当时的贵族除了发号施令以外，很少与平民百姓交往，他们看不起平民百姓。然而，杰斐逊没有秉承贵族阶层的恶习，主动与各阶层人士交往。他提出：“每个人都是你的老师。”他的朋友中当然不乏社会名流，但更多的是普通的园丁、仆人、农民或者是贫穷的工人。

居里夫人以她谦虚谨慎的品格和卓越的成就获得了世人的称赞，她对荣誉的特殊见解，使很多喜欢居功自傲、浅尝辄止的人汗颜不已。也正因为她的高尚品格的影响，以后她的女儿和女婿也踏上了科学研究之路，并再次获得了诺贝尔奖，成为令人敬仰的两代人三次获诺贝尔奖的家庭。

然而，现代社会已经步入一个竞争的时代，谦虚已经不再是一种真正意义上美德的体现，因为谦虚往往会掩盖你的真实才能，人们很少因为你的谦

虚而被你的这种美德所打动。作为刚刚步入社会的新人，应该学会如何把自己推销出去。

古希腊哲学家苏格拉底临终前要求他多年的得力助手，在半年内给他找位优秀的闭门弟子。他在风烛残年之际，想考验和点化他那位平素看来很不错的助手。他把助手叫来说："我的蜡所剩不多，得找另一根点下去，你明白我的意思吗?"

"明白，"他的弟子答道，"您思想的光辉要很好地传承下去……"

"可是我需要一位最优秀的、有相当的智慧，还要有充分的信心和非凡的勇气的人。可是这样的人我到目前还未找到，你帮我挖掘一位好吗?"

"好的，好的。"他的助手非常尊重地说。

那位助手果然不辞辛劳通过各种途径寻找，可领来的一位又一位都被苏格拉底谢绝了，当这位助手无数次的无功而返，苏格拉底也病入膏肓，他硬撑着坐起来扶着助手的肩膀说："辛苦你了，不过，你找来的那些人其实还不如你。"

他的助手满含愧疚地说："我一定加倍努力，即便找遍五湖四海，找到天涯海角，也要把那位最优秀的人挖掘出来。"

苏格拉底只是苦笑，不再言语，而眼看他就要告别人世了，最优秀的人选还是没有找到。他的助手泪流满面，羞愧地说"我真对不起您，令您失望了"。

"失望的是我，对不起的却是你自己。"苏格拉底说完，失意地闭上眼睛，好久，又不无哀怨地说："本来最优秀的就是你自己，可是你不敢相信自己，把自己忽略、耽误、丢失了……"

"其实每个人都是最优秀的，关键是如何发掘自己、认识自己、重用自己……"话未说完，苏格拉底就离开了这个世界。那位助手非常后悔，甚至整个后半生都在自责中度过。

可见，一个过于谦虚的人，往往也会将自己的才能埋没于这种谦虚之中。才能不能被别人看到，你的"利用价值"又在哪里呢?

2. 有用"晒"了后才能被利用

一说起纺织能手蜘蛛，我们都知道它们织网是为了捕食，但很少有人知道每天晚上蜘蛛都要将昨天晚上织的网一卷卷地收回，然后重新吐丝织网。这是为什么呢? 原来，富有韧性、黏糊糊的蛛丝已经干得不成样子了，所以第二天晚上它们都得重新织网，这样才能保证它们能够捕到足够的食物。就这样，人们都知道它们不管寒冬酷暑，每天都这样周而复始地、勤勤恳恳地“工作”着。

蜘蛛是勤奋、敏感、沉默而坚韧的昆虫，它们的网制得精巧而规矩，八卦形地张开，仿佛得到神助。它们不会飞翔，但它们能够把网连接在半空中。这样的成绩，使人不由想起那些沉默寡言的人和一些深藏不露的智者，执著地创造奇迹。

我们除了向蜘蛛学习执著与勤奋之外，更要学习他善于用网“晒”自己。杰出人才从进入就业市场开始就迈好了第一步。他们知道第一印象就是一切。他们也了解呈现一幅关于自己取得的成就的公正、朴实的图像的重要性。

小英是一名女大专生，英语专业毕业。有一天，她来到一家出版社，要见社长，她想在出版社当名编辑。可这家出版社没有英文图书的出版计划，所以无法用她。后来小王请社长介绍她到别的出版社，社长把她推荐给一位同行，没想到小王很快便被录用了。后来两位出版社的领导碰在一起时，录用小王的出版社社长说：“真感谢你当时给我介绍这位好编辑。”

其实，介绍小王的领导当时并不觉得她的英语能力像她所描述的那样好，但敢于毛遂自荐，至少表现出她具有一种积极主动、勇于向陌生的人和事挑战的优点，当老板的当然喜欢用这样的人。

“毛遂自荐”，古已有之，就是要让我们在适当的时候，让公司知道你可以做什么，不要过于迷信“金子闪光说”，也不要埋怨上天不赐予你“千里马与伯乐相遇”的奇缘，机会在更多的时候由自己创造。因此，即使你是一个很有才华的人，你也不能等待被别人发现或者认识。生活是一连串的推销。正如推销员推销商品一样，我们需要推销自己。

美国评论家威廉·温特尔说：“自我表现是人类天性中最主要的因素。”人生要精彩，需要积极主动的自我表现精神。如果一个人的一生都在做看客，而没有登台演出，那他的人生就会缺少光彩。积极地表现自我，并不是单纯地向他人展示自己，还要把自己表现给自己，这是一种积极主动的人生态度。

3. 不怕被利用，因为可以用

在非洲，有这么一种叫黑鹭的鸟，它捕食的方法很特别。它的特别之处在它的翅膀。当站在水中，它翅膀张开来，围成一圈，围成伞的形状，然后头蜷缩在伞当中，而尖锐的喙静等猎物的出现。

你可能觉得黑鹭这种掩耳盗铃的捕猎方式很好笑。但恰好是那些小鱼和小虾，喜欢往岸边水浅而又阴凉的地方去，比如树荫下或者高大水生植物的阴影里。

于是，黑鹭静静地等着。一条小鱼来了，又是一条，钻进它的“阴凉”之下。它用这种几近守株待兔的方式就能“坐等”着猎物送上门来。那些小鱼于是便只有死路一条了。

还有一种叫剪嘴鸥的鸟，它的喙上边的一半短些，下面的一半长些，像一把剪刀。

捕鱼的时候，它一边贴近水面飞翔，一边把下面的一半喙伸到水中。如果碰到或者看到鱼，它便迅捷地合上上面的一半喙。

但这样常常是很危险的。如果不幸撞上隐在水上的礁石或其他的硬物，高速飞行的它会因为来不及收回，而使下面的一段喙生生折断。

但剪嘴鸥的家族没有因此而放弃自己的捕猎方式。或许它们明白，生活注定是要付出代价或者做出牺牲的，没有谁能够毫不付出地把一生走完。

这些动物的生存方式告诉我们，走向成功的法则永远都是：想要得到就必须得先付出。付出的另一种说法就是要被人利用。

工作中，有美丽的愿望当然是好事，但一味地空想，不但会一无所获，而且还会耽误了你进取。

人们总是希望拥有美好的生活，但是他们却不愿意为此付出代价。很多人甚至连一丁点的付出都不愿意，只是盼望着天上能够掉下馅饼，这是多么愚蠢而可悲的想法啊！

在职场上你要得到多少，就必须先付出多少。

在工作中并不是多做事或多帮别人干点儿活就是被利用。如果领导让你加加班、赶赶任务，别以为自己被利用了，反而应该感到庆幸，因为领导只叫了你，而没叫其他人，说明他信任你、赏识你，认为你有价值。

任何东西只有先从你这儿流出去，才会有其他东西流进来。总之，你从别人那儿获得的任何东西都是你原先付出的东西的回报。

另外，你所付出的额外服务也会为你带来更多的回报。想想种植小麦的农民吧！如果种植一株小麦只能收获一粒麦子，那根本就是在浪费时间。但实际上他的收成必定多出他所种的东西。

记住，只要你付出，那么每个人都将是“获利者”。

第八节　别怕自己干不了，肯干要重于能干

大学生找工作难，找对口工作更难。据相关数据显示，全国历届高校毕业生初次就业对口率最高仅在三成左右，绝大多数大学生毕业后从事的第一份工作与专业方向不对口。

1. 跨专业工作不是不可能

跨专业就业是目前比较明智的就业态度。学生要根据市场需求，结合自身专业优势迅速调整就业方向。有职业指导师指出，在当前严峻的就业形势下，大学生不妨跨专业找工作，只要努力学习、克服心理恐惧，一样可以在职场上“风光无限”。

李开复曾说：“鉴于紧张的就业形势，我建议求职者‘先就业再择业’。第一份工作很重要，但尚未重要到决定终生。一个人一生换上四五份工作是正常的，很多时候，从事职业的理想需要一个曲折实现的过程。”

他在一次演讲中讲述过：“有一个在美国读大学的学生，他的成绩还算可以，立志进入 Google 工作，问我有没有这个可能。在问了他一些基础知识后，我发现他很聪明，但专业知识不够扎实，我不认为目前的他有机会进入 Google。因此我对他说：‘现在还很难，但如果再努力一下就有可能。’他继续问：‘我能做些什么事让这个可能性最大化呢？’于是，我建议他去读硕士，并向他推荐了 Google 很喜欢的一所大学——加拿大的滑铁卢大学，因为它的计算机学院教学务实，而且入学还算容易，学费也不贵。两年后他拿到了硕士学位，现在已经进入 Google 工作。”

严峻的就业形势下，用良好的心态迎接挑战，用扎实的基础冲破困难，用积累的人际资源应对危机，用不折不挠的心坚持到底，才能在职场的舞台上释放自己。

小菲是应用化学专业的大学生，在毕业之际她向当地的银行投出了自己的一份简历。“人生来就没有定下他的就业方向，只要经过努力，不管是任何专业都能一样很好地从事任何职业，或者可以更好。实践是检验真理的唯一标准，没有经过尝试，谁都不能断定我不行！”面试时，小菲曾如此自信地说过，正是这种对自己能力的认识和自信，令招聘方对她刮目相看。

一位2009届物理学专业的毕业生，在择业时从事了气象工作。这位毕业生在校期间曾经是学生会主席，曾多次组织参加各类学生活动，四年管理能力、写作、口才的培养和积累，为他跨专业找工作提早作足了准备。从一开始，他就没有将自己的就业方向局限在本专业范围内，他抱着培养自己多方面能力的目标来到大学。谈及择业时他说道：“找工作必须要靠自己，对待遇方面要求不能太高，最重要的是找一个适合自己的工作。我刚开始就作好了跨专业找工作的准备，在学习过程中，不断充实自己，为以后找工作打基础。我充分利用了就业信息网上的信息，找到了适合自己的工作。”

在气象局，他首先尝试了播音的工作，而在工作中，领导发现了其管理和策划的能力，于是调任至现在的办公室文职工作，实现了他最初的理想。

如果你打算不局限于本专业就业，就应趁早为自己的理想作出实质性的努力。

2. 出身科班未必是优异股

工作头几年，每个人都希望找到与自己所学专业对口的工作，但常常事与愿违。现在很多行业的知识都是相通的，企业更喜欢相关专业的复合型人才。不要以为你的专业是编辑学，就能够从事医学编辑工作，但反过来，医学毕业的学生有时候却能成为一个新闻出版行业的“优异股”。

“事实上，医学专业毕业后从事媒体方面的工作，也没有想象中突兀。”焦健在大学期间学的是医学专业，但毕业后从事的却是媒体方面的工作。从专版编辑到卫生医疗的跑线记者，焦健可谓“跺过界”。但从事当前这份非专业对口的工作，焦健并没有受跨专业的影响。经过多年的打拼，她已成为报社的中层干部。

谈及大学毕业后找工作的经历，焦健表示，当年自己陪着几名医学专业的同学，来到报社应聘健康版编辑一职，“当时，身边的几位同学才是来应聘的主角，我仅仅是来‘陪跑’的，所以自己的简历资料准备得并不充分，但面试结果却出人意料，在校当学生会干部的同学，竟没能入围，自己倒是成功通过了面试”。原来，面试官“相中”焦健是因为她曾在相关报业集团进行过实习，这次专业方向以外的实习经历，成为她被录用的关键所在。

其实她在报社专版部当编辑的时间并不长。在工作过程中，领导发现焦健竟是当记者的“好苗子”——焦健良好的人际交往能力以及大胆的创新思维，正是一名线上记者所需具备的“必要条件”。于是，报社把焦健调派到采编部门，担任卫生医疗线上的跑线记者。依托自身的医科专业背景，焦健的工作能力很快显现。突发公共卫生事件、病理学最新医学成果……报纸版面上总少不了焦健采写的新闻报道。

回想当年入职新闻单位以及多年来的工作经历，焦健多少还是觉得有点“阴差阳错”。但她坦言：毕业后，若是单纯当医生或是成为非卫生医疗线记者，自己未必是行业内最棒的。但正是因为自己的学科与工作有交集，个人综合能力一下就发挥出来了。

当专业与职业不对口时，你要认清现状，积极转变观念，努力提高自身综合素质。其实，只要是与自己专业相关、兴趣所在、能力所及的工作，你都可以选择尝试，通过对专业知识和技术的学习进入与自己的专业相交叉的行业，同样可以干出好业绩，甚至比专业出身的学生做得更好。

3. 勤奋之人不会背离成功

古语有云：“天道酬勤。”勤是一个人成功的基石。

人生所缺者不是才干，而是志向；换言之，不是成功的能力，而是勤劳的意志。勤奋能使我们保持身体健康、头脑清醒、钱包充足。如果你有伟大的才干，勤奋将会增进它；如果你只有平凡的才能，勤奋也可以补足它。

当代的成功学大师陈安之先生有这么一句话：“每一份私底下的努力都会有倍增的回收。”

综观古今中外，大凡有成就者，都有一个共同的品质，那就是勤奋。

对一个成功者的人生而言，保持勤奋大概是除立志之外最为重要的事了。因为无论多么远大的志向，如果不能以勤奋的态度去落实，就永远无法变成现实，最终也只是“海市蜃楼”而已。

勤奋对于一个人如此重要，然而，它和人性中所有的优秀品质一样，都不是与生俱来的，而是需要经过后天的磨砺才能具备的。

勤奋的来源无外乎两种，一种是面临严峻的生活现实，不勤奋便会有沦落的危险，从而不得不勤奋，久而久之，也就成了一种习惯。这种勤奋是因环境的压力而生。一种是把勤奋当做修身的重要内容，积极主动地去实行、去锤炼，这种勤奋因内心的力量而生。但无论是哪一种来源，最终对勤奋品质的拥有是一样的。当然，来自于内心的力量必然会更持久、更强大。

业精于勤，荒于嬉。我们都听说过爱因斯坦的故事，爱因斯坦就连走路、坐火车甚至吃饭，都拿着笔在纸上写着、思考着他的科学题。这么勤奋地作着他的科学研究，想不成功都难。

北京奥运会上独揽8枚金牌的菲尔普斯是一位游泳天才。对于他创造的奇迹，有人说，因为他的身体素质好。毋庸置疑，菲尔普斯有着令其他游泳选手羡慕的身材。但仅凭这个条件是不能取得如此辉煌的成绩的。菲尔普斯的话给了我们最好的答案：获得成功，勤奋是最重要的。

菲尔普斯初次代表美国参加奥运会，在比赛即将开始之时，因为太激动也太紧张了，发现自己竟忘了带证件，最后只取得了200米蝶泳第五名的成绩。这个成绩对一个年轻运动员来说是不错了，但对于原本踌躇满志的他来说，是无法用语言表达出来的遗憾。

这惨痛的经历让菲尔普斯深思，他认为紧张不是失败的理由，没有扎实的功底和过硬的本领才是失败的原因。当他把所有的错误都归于不勤奋，当他明白只有勤奋的人才能沉着应对比赛时，他开始学习勤奋。于是曾经偷过懒睡过懒觉的他告诫自己，懒惰不可能成功，只有付出更多才能获得成功。

菲尔普斯的故事告诉我们，在这个竞争激烈的职场上，具有天赋的人很多，但只有勤奋才能造就天才。爱迪生有这样一句名言：“天才是百分之九十九的汗水加百分之一的灵感。”这里的汗水指的就是勤奋，一个人的天赋固然重要，勤奋却是最终成才的保障。

第二章

奋斗已经开始，你已无法天真

< < <——工作头几年，认识现实是当务之急

工作头几年，你不能否认大学阶段是你一生中最美好的四年。当你扛着被子、拎着饭盒走出校门时，纷繁的社会迎面而来。当你衣着笔挺，半心憧憬、半心忐忑地迈入公司大门时，复杂的情形也许让你穷于应对。想成功的心，是时候醒醒了。

第一节　幻想不会帮助你，越早梦醒越早成功

凡是有梦想的人都渴望实现梦想，获得成功，但成功需要你珍藏美好的过去，走出幻想的阴影，面对现实的苦难；需要你有所付出，有所准备；更需要你在努力中克服因为幻想而导致的失败。

1. 释放你的梦想

梦想是美好的，但实现梦想的过程却不是一帆风顺的，如果你总是活在梦里，那么现实生活中的你将无法适应社会、走向成功，至少是疲惫的。

大学毕业后，刘英庭在北京昌平的一家小型公司找到了第一份工作。她为自己挣到工资而欣喜若狂。但她很快发现，大学毕业后的生活并不总带有毕业典礼致辞中所描绘的玫瑰色。老爸和老妈不再为你支付生活费。午夜时分，你不能再指望有成群的室友一起外出吃夜宵。她意识到：她得自己养活自己了。

一个月以后，刘英庭开始感到极度疲劳。她每天都要坐一个小时的班车来到北京的昌平，而在坐班车前还要坐40分钟左右的地铁和公交车，因为她是在东三环租的房子，班车却停在二环的安定门。很多人都会奇怪，怎么工作的地方那么偏僻，却在北京这么贵的地段租房子呢？确实这是个不符合逻辑也不符合生活规律的选择。“因为我实在不想自己在不得已去那么偏远的地方的同时，整个人的身心也跟着落伍，那样就不是我来北京努力的目的了，说白了就是希望心还是高傲的！”刘英庭说。

就是这样的理由，使得她每天要早上5点就起床，然后5点半出门坐车倒地铁，最后要在6点50前到达安定门，因为班车7点从安定门出发去公司。在车上她赶紧补觉，因为起得实在太早了。开始的时候她还注重仪表，总觉得自己毕竟是个女生，可没过三天就实在受不了了，以致经常是起来就拎包闭着眼睛跑出去。在每天晚上5点半下班后同样要坐班车回到市中心，一般

到家就要7点多了，这样紧张的生活持续了一个多月，在这一个多月里，她整个人瘦了一圈，仅仅是路途上的奔波就已经让她吃不消，她开始有了想离开的念头。

她还记得自己第一天上班的情形，那是个美丽的秋日，天空万里无云。如果在大学里，她恐怕会为享受这样一个下午而旷课。

初入职场，像小刘这样的年轻人不在少数，他们或许会时常回味大学的时光，那些骄傲、那些快乐、那些美好，当这些美好的事物以及梦想与进入社会之后要养活自己的现实碰撞之时，年轻人要坚信苦与累的交织是对梦想的打磨，开始释放梦想，坚持到最后，最初的梦想才会绚丽绽放！

2. 实现梦想，需要准备

梦想与幻想是两个概念，梦想需要行动去实现，幻想犹如梦境，甜美而不真实。工作头几年，年轻人应该少一些幻想，多一些实现梦想的行动。大多数初入职场的年轻人没有父辈传承下来的产业，没有过人的头脑，更没有娴熟的手艺和精湛的技术，有的只是年轻这个资本，有的只是能吃苦耐劳，有的只是处在这个满是商机的社会。

曾任中国光大对外贸易总公司项目经理、四通国际贸易有限公司总经理，现为新东方IT教育总经理的吴雷，毕业于北京联合大学。2000年，还在耶鲁大学读MBA的吴雷加盟新东方。

耶鲁的一场讲座让他认识了俞敏洪，这样开始了他与新东方的不解之缘。在新东方这片学者型管理人才的天堂里，他非但不是教师出身，当他以大学生身份下海开服装店的时候，吴雷甚至都不是老师眼里的好学生。

吴雷高中就读于鼎鼎大名的景山中学，可由于贪玩不努力，大学只考上了北京联合大学的机械工程学院。一个不很喜欢的专业，上大学后的吴雷很快就看到了自己的未来：凭北京联合大学的名声，毕业后想转专业进大公司、有份自己希望从事的好工作的希望近乎于零；而机械工程行业发展慢，难有突破，前辈的经验将永远大过于后辈的学识，而且毕业后的去向也就是在某机械研究所慢慢地熬着。他形容自己以后的工作是“前面有一排人，按着顺序等着时间，只有前面人退下去那长长的队伍才会前进一步”。时钟的滴答声在吴雷听来寂静得恐怖。这绝对不是他想要的生活，没有变数与激情，没有梦想中工作的劳碌和满足。吴雷说："如果身边的环境不变，那我走。"

吴雷大二时狠学了一年之后参加出国考试，成功申请到了宾夕法尼亚大学本科工业工程专业。可两次申请签证均遭拒签。他在大学里一共作了三件事：学外语、学开车和自学外贸业务。学外语是为了出国，学开车是为了开店，而学外贸业务则是因为老师说做外贸会有很大发展。

应聘光大集团的时候竞争很激烈，两百多人里面只要四个人，而他最终过关斩将榜上有名。事后他了解到，当时正赶上光大集团新增一项进口车业务，他们就想找一个会修车又会开车的人做业务，而吴雷的专业是机械还会开车，这在刚毕业的大学生中已属凤毛麟角，再加上吴雷的从商经历更让他比同龄人多了几分成熟，几乎不用培训就可以上岗做业务了，就这样，吴雷进入了人人艳羡的光大集团，轻车熟路地做起了进口车业务。看似一种巧合里又透着道理，吴雷说："机会真的只给有准备的人，哪怕是无心的准备。"

每个人都希望成功，初入职场的年轻人，更是怀着雄心壮志，但是年轻人要知道，成功不是轻而易举的事情，成功需要准备。

3. 失败是因为不切实际

工作头几年，相信许多人曾听到过这样的话："为了成功，我曾试了不下上千次，可就是不见成效。"你相信这句话是真的吗？别说他们没试过上百次，甚至有没有试过十次都颇令人怀疑。或许有些人曾试过八次、九次，乃至于十次，但最终还是失败了。失败的原因是什么呢？让我们先看看下面的一个故事。

有一位叫梦幻的年轻人，他在一家跨国公司里上班，生活上寝食无忧，他梦想着自己有朝一日能够暴富。

他的爱宠是一只叫做"安乐儿"的青蛙。有一天，梦幻突发奇想地对安乐儿说："我们就要发财了，我将教会你飞！"

"等一等，我不会飞啊！我只是一只青蛙，不是麻雀！"

梦幻对青蛙说："你的这种消极心态的确是个大问题。我要为你报一个培训班。"

在一个星期的培训班中，青蛙学习了目标制定、时间管理以及高效沟通等课程，飞行的知识也涉及了。但是在这么短的时间内，安乐儿学到的知识根本达不到试飞的要求。由于梦幻急于试飞，培训课就此终止了。

在试飞的第一天，梦幻显得非常兴奋，而安乐儿心里很害怕。梦幻很自信地对它说："我们住的公寓一共20层，你从第一天开始向户外跳，每天加一层，最终达到20层。在每一次跳完之后，你要总结，达到最有效的飞行技术水平，然后保持到下一次的试飞中。等你达到最高一层的时候，我敢保证，你就学会飞了。"

可怜的安乐儿要求主人考虑一下自己的生命安全，但是梦幻的回答是："你根本不能理解青蛙会飞的重大意义，你看不到我的宏图大志。"说完，梦幻就带着安乐儿来到第一层，打开窗户，把安乐儿扔了出去。

在第二次试飞之前，安乐儿再次恳求梦幻不要把自己扔出去。梦幻像安乐儿解释道："当人们面对一个全新、创造性的项目时，抵制的情绪会导致多么严重的结果。"接下来，只听见"啪"的一声，安乐儿又被扔了出去。

在第三次试飞的时候，安乐儿将自己的策略调整为拖延。他要求延迟试飞，直到有最适合的飞行气候为止。但梦幻对此早有准备，他拿出一张进度表，指着对它说："你肯定不想破坏试飞的进度，对不对?"于是，安乐儿知道，今天不跳就意味着明天跳两次。

安乐儿真的尽力了，在试飞的第四天它在腿上绑上了副翼，试图变成鸟；在试飞的第五天，它在脖子上戴了个斗篷，试图把自己变成"超人"，但这一切努力并没实现最初的愿望。到了第六天，安乐儿只好听天由命，它眼睛直直地看着梦幻说："我知道，你要杀死我，对不对?"

梦幻的回答是："到目前为止，你的表现没有任何可取之处，你的进步太慢了，我都快失去耐心了……""闭嘴，开窗!"安乐儿打断了他的话。然后，它瞄准楼下的一块石头跳了下去。

安乐儿结束了自己的生命。梦幻对它极其失望，他能做的就是分析整个过程，找出什么地方错了。经过仔细思考，他笑着说："下次，我找一只能帮我实现梦想的青蛙不就行了嘛!"

故事中的梦幻是一个有梦想的人，也为自己的目标努力了，但他还是以失败告终。他失败是因为他没有意识到他的目标是多么的不切实际！青蛙是不会飞的，无论他的计划订得多么严密，远景规划再迷人，美梦也终将破灭！

第二节　社会不会等待你，尽快成长是关键

不在社会中成长，就在社会中被淘汰。社会在进步，社会竞争也日益激烈，别指望着社会给你留着成长的机会。社会是个大舞台，你进入角色才能演好戏；初出茅庐，你需要学的东西太多了，而高傲不会带给你任何有价值的东西。

1. 主动让社会培养你

社会不会等待你成长，不要希冀有多么好的工作等待着你。只有当你成长到了一定的程度，社会才会接纳你。有很多年轻人老是抱怨自己学有所成却总是得不到用人单位的认可；也有很多年轻人抱怨自己运气不佳，总是找不到理想的工作；更有一些年轻人终日愤愤不平，与自己同时走出校园的同学很快得到了提升，而自己却还在原地踏步。

在这个人才济济的 E 时代，社会根本就没有工夫和耐心慢慢培养你。你不行，你不愿意，你不喜欢，没关系，换人，这就是职场现实。

一天到晚只会抱怨的人，是不成熟的人。当你知道自己应该如何去面对社会、如何快速地适应社会后，你就没有时间去抱怨了，因为那个时候，你把时间都用来学习、工作和拓展人际网络了。

王蒙蒙是个有理想的男孩，他毕业后目的非常明确，那就是利用 5 年时间在北京买房。面对日日高升的楼市，他竟然在第四年实现了自己的目标。在这期间，他觉得自己成熟了很多。

刚开始进京闯荡的他，在一家小公司做文员。当时和他一起进去的另外两个新同事也都是普通大学毕业生。在公司里，基本上每次电话铃响了，都是王蒙蒙起身去接，其他人根本就不动。时间长了，大家好像都习惯了王蒙蒙做一些办公室“公益性”工作，电话铃一响，如果王蒙蒙不起身，大家就会一直等着，直到他终于忍不住了起身去接。

由于公司规模太小，也没有专门请保洁人员，办公室的整洁卫生就要靠大家保持。每天下班后，从来没人主动倒垃圾。王蒙蒙是个爱干净的男孩，每天下班都把垃圾带走，而其他人根本就没注意过这些小事。

其实，这些事情王蒙蒙在家和在学校的时候几乎很少做。但他知道，现在自己参加工作了，就要有个工作的样子。有很多事情即使公司没有明文规定，但应该做的他也尽量做到。工作后，他连穿衣风格也变了，以前在学校的时候，他喜欢穿休闲服和运动服，现在只有周末他才会穿着运动服跟朋友们去踢球，平时则尽量穿衬衣和西裤，他想展示给别人一副“成人”的形象。

他在试用期的表现不错，他的行为得到了老板的认可，试用期过后，他被留下了，而其他两个同事被淘汰了。

老板说与其他两个试用人员比起来，他更像一个职业人。

我们每个人在人生的不同时期都有不同的使命。工作头几年，如果你的职业生涯到了一个新的时期，而你的状态却还停留在上一时期，那么就说明你并没有随着时间而成长。一个永远长不大的人，只能站在他人的背后，而自己无法主动争取进步，他在未来的工作中将很难获得进步。

2. 尽早进入角色

工作头几年，进入职场必须要“转型”。只有完成了从“学校人”到“职场人”转型的过渡过程，才能搭起一座走向成功的桥梁。

对涉世未深、缺乏职业规划能力的毕业生来说，第一份工作给他们相当大的压力。从高高的象牙塔走下来的他们怀抱的是理想化的思维方式，是指点江山的做事方法。然而就业压力大，选择余地小，这些残酷的现实使他们感受到理想与现实之间的落差。面对这些，职场新人们必须要“转型”。

学校里学习的都是系统的理论，一科连接一科，科科有现成的教科书，有教授讲解，有助教辅导。到了工作岗位，实际动手能力靠培养、练习，而且，实际应用是多角度、全方位的。没有人告诉你哪个该学，怎么学习，知识积累全靠自己探索。

进入公司的时候，企业都会对职场新人进行员工入职培训，新人们要多学多看，才能积累工作经验。没有经验，则只能打下手。如果你心理不平衡，就会越搞越糟，使自己陷于尴尬的处境，甚至不懂装懂，让人笑话。

市场营销专业毕业的张伟走出大学校园后到一家叫“罗毕”的鞋店当导购员。她之所以在这家鞋店工作，是想在此通过与人的接触，迅速了解社会、适应社会，弥补自己欠缺的工作经验。

这家店鞋子的款式丰富多样，质量也不错，但是这条街上的鞋店实在太多，同质化现象严重，竞争非常激烈，因此这家鞋店的生意一直平平淡淡。

一天，店里进来两位时尚女性。她们挑了一双又一双的鞋，试穿了一次又一次，最后终于买了一双。付账的时候，只听买鞋的顾客对同伴说：“今天购物真是辛苦，一次一次地脱鞋，又烦又累。”张伟心想，既然许多顾客在选购鞋子时，常抱怨换鞋太麻烦，若能让顾客赤脚进店就少了不必要的麻烦，顾客购起物来就轻松多了。但如何能让顾客自觉自愿赤脚进店呢？放上许多拖鞋？肯定不行，仅仅一双拖鞋是不可能让顾客自觉地脱鞋的。那该怎么做呢？

她从一些重要场合地上铺的红地毯中得到了启发，于是她把这个想法告诉了老板，老板欣赏她的点子，遂决定在店内铺放名贵地毯。铺好地毯后，老板又将店名改为“赤脚鞋店”，又在门口设置鞋架。做好这些后，老板召集所有员工，郑重地宣布：顾客脱鞋进店后，由服务员代为擦鞋。其他老员工是丈二和尚摸不着头脑，但老板这样决定，也就只好执行。然后，老板在门口贴出一份告示：店内铺有名贵地毯，顾客须脱鞋进店购物，并由本店代为擦鞋。

告示公布后，许多顾客慕名而来。顾客进店后，感觉既随便，又亲切，而且又有人给擦鞋，鞋店销售额大增，张伟也因此获得丰厚的奖励。

工作头几年，新人要懂得学习和思考，知道自己应该以老员工的行为和职责要求自己，做好职场角色的转变，给社会一张熟悉的面孔。

3. 社会不能容忍骄傲

富兰克林在《富兰克林自传》中写道：“我们各种习气中再没有一种像克服骄傲那么难的了。虽极力藏匿它、克服它、消灭它，但无论如何，它在不知不觉之间，仍旧显露。”

一切有经验的领导、师傅、技术人员和同事都是很好的老师，他们在岗位上工作多年，具有丰富的专业知识和实践经验。这些都是刚工作没几年的你所缺乏的，只要你肯虚心请教，一定会学到很多有用的东西，而这些都是你将来获得更好的发展、做出更好成绩的资本。

年轻时候的富兰克林，非常骄傲自大，简直就是不可一世，无论到哪里都显得咄咄逼人。造成他这个坏脾气的最大原因是他的父亲对他太纵容了，从来都不训斥他的这种行为。

他父亲的一位挚友倒是看不下去了。有一天，这位挚友把他叫到面前，用很温和的语气对他说："富兰克林，你想想看，你不肯尊重他人意见，事事都自以为是，结果将使你怎样呢？人家受了你几次这种难堪后，谁也不愿意再听你那么骄傲的言论。你的朋友们也会远远地避开你，免得他们会受你一肚子的冤枉气。如果你还这样下去，那么你从此就不能交到好朋友，你也不能从他人那里获得半点知识了。再说你现在所知道的事情才是那么一点点、很有限，这样是不行的。"

听了这一番话后富兰克林大受感动，他也看清楚了自己过去的错误，决定从此要痛改前非，在处世待人的时候处处都改用研究的态度，言行也变得谦恭和委婉了，时时慎防有伤别人的尊严。不久后，他便从一个受人鄙视、拒绝交往的自负者，变成了一个到处受人欢迎和爱戴的人际交往高手。

如果富兰克林没有接受意见改掉自己的毛病，仍然是一意孤行，说起话来还是不分大小，不把他人放在眼里，那么他的结果一定不堪设想。正是因为他改掉了这一缺点，才拥有了丰富的人脉资源，成为美国的一位伟大的领袖。

富兰克林虚心求教，接受别人的意见，实现了取长补短的目的。在中国的古代，冯异和冯道根因为谦虚的心态，赢得了美誉。

东汉初时的名将冯异在建立东汉王朝的战争中屡立功勋，然而他在每次战争后，总独自躲在大树下，而不像其他人那样，聚在一处争说自己的功劳，因而他赢得了"大树将军"的美称。南朝梁时的开国良将冯道根，在梁武帝最初举兵时，受命为先锋，立了大功。每次征伐取得胜利之后，他从不自吹自擂。梁国的宰相沈约对梁武帝称赞冯道根说："此陛下之大树将军也！"

工作头几年，工资低也是无可厚非的，工作难就要虚心学习，努力克服困难，在克服困难的过程中你便学到了很多的知识和经验，你自身也获得了成长。

第三节　公平不是绝对的，牢骚满腹无济于事

生活原来如此现实，现实得让人如此不寒而栗。初入职场的年轻人，似乎一直都活在自己的童话中，没有意识到“山中只一日，世上已千年”。于是无数的心灵不免经历蜷缩与战栗，瑟缩着渺小的自我，偷偷窥视着这世上的一切。

1. 世上没有绝对的公平

这个世界上没有绝对的公平，公平总是受到一定社会制度、社会条件和规则的制约，公平是相对的。

人生本来就有很多的不公平：家庭背景不同、身高样貌不同，这些不公平你想不要都不行。最让人感到心里不平衡的是：从前跟你在一个锅里吃饭的人，今天吃的和你不一样了。一起工作他升官了，同样做生意他发财了，都没有背景关系他却事事顺利，你却处处碰壁……

比尔·盖茨在2008年的哈佛大学毕业典礼上的一次演讲中曾经这样说过：“同这个时代的期望一样，我也要向今天各位毕业的同学提出一个忠告：你们要选择一个问题，一个复杂的问题，一个有关于人类深刻的不平等的问题，然后你们要变成这个问题的专家。如果你们能够使得这个问题成为你们职业的核心，那么你们就会非常杰出。但是，你们不必一定要去做那些大事。每个星期只用几个小时，你就可以通过互联网得到信息，找到志同道合的朋友，发现困难所在，找到解决它们的途径。

“不要让这个世界的复杂性阻碍你前进。要成为一个行动主义者。将解决人类的不平等视为己任。它将成为你生命中最重要的经历之一。”

与其一味地沉浸在探究生活的公平与不公平中，将会虚度时光，陷入困境，不如正视这种现实，发掘知识信息的潜力，努力工作，找到属于自己的

那份公平，把不公平甩在身后。这或许是比尔·盖茨能成为世界首富，成为哈佛大学历史上最成功的辍学生的重要因素之一吧！

生活很现实，不是童话也不是话剧，不是这一刻想下一刻就会出现，要学着自己做好一切！就像那个小品里的台词说的那样："流自己的汗，吃自己的饭，干自己的事，下自己的蛋，让别人羡慕去吧。"

2. 痛苦往往是自己圈的

一位即将毕业的大学生在天涯社区论坛中这样写道：

"找不到工作，只怪自己没本事考研，没本事考公务员。

"眼看着四年学的东西就像泡沫一般，什么都不剩下了，在这个竞争激烈、人际关系无比重要的社会，我都快绝望了，我还有几年可以等啊。

"压力真的很大，朋友们要不就家境优越，要不就留学出国。我连工作都找不到，天天待在家里啃老。好痛苦，好痛苦，真的好痛苦啊……"

这位同学的痛苦之言想必是很多即将毕业的年轻人内心世界的真实写照。

各种各样的潜规则、无规则游戏被这个激烈竞争时代的人类制造了出来，简单的事情复杂化，让涉世不深的年轻人大伤脑筋。我们犹如雾里看花，看不懂，读不透，在校园里曾经笃信不疑的东西，似乎轻易被否定。十年寒窗苦，到头来却是百无一用。

叔本华曾说："人生是痛苦的。"因为人活着是为了欲望，要满足这个欲望是一定要经历波折和风浪的，那么痛苦也是避免不了的。但避免痛苦的办法却不是减少欲望，因为人生如苦海。

没有哪一个婴儿是带着笑声离开母体与世人见面的。他的哭声代表着对脱离母体的新环境的不满意，他进入了没有母体保护的、痛苦的世界。可见，痛苦是与生俱来的感受，而快乐是需要后天学习的，快乐的感受是我们降低对环境的期望和要求之后才慢慢产生的。

人的痛苦有两种，一种是自己圈出来的，即习惯于和他人作比较。我们的启蒙老师也常教育我们在比较中才能获得进步。然而，我们更需要的是跟自己比较而不是他人，总是拿不如别人的地方跟他人比较只会让自己在痛苦的旋涡中溺水。那种希望自己轻而易举地像他人一样拥有万贯家财和处于高位的想法是不现实的。只会使理想与现实越行越远，徒增自己的痛苦。

第二种痛苦，是为了某种目标而甘愿忍受的考验。受苦愈多者，把痛苦视为快乐的种子。而只有经过努力，痛苦的种子才会生根、发芽、开花结出快乐的果子。

卡夫卡从小畏惧父亲，性格内向，满怀忧郁，优柔寡断，闭门写作。他一生中接触过四个女人，三次订婚，但三次解除婚约。伴着他的始终是一连串的绝望、痛苦和自我折磨。但是正是这种痛苦，孕育出他独具特色的伟大作品《判决》、《城堡》和《变形记》。它们深深打动和感染着广大读者，仿佛一首首朦胧诗，令人回味无穷。

“80后”的生活状态可以用“生在蜜罐里，活在战场上”来概括。在这个没有硝烟的战场上，你应该在痛苦中寻求快乐，以犀利的目光分析自己的不足和长处，努力挖掘自己的优点，你会发现曾经的痛苦只是自己亲手炮制的纸老虎。

3. 把平凡事做得不平凡

平凡是生命常态，初入职场的年轻人要肯埋下头去做一个平凡的人，努力从平凡的小事做起。一切不平凡的业绩都出于平凡，把每件平凡的事情都做得很好，就是不平凡，就等于成功。

世界上的成功没有什么大小之分，做大事的人成功了是成功，做小事的人成功了也是成功。哪怕再平凡不过的小事，只要你能做到同行业里的第一，做到最好，做的与众不同，就是成功。

一位在上海赫赫有名的出租车老司机平均月收入在8000元，而上海出租车司机的平均月收入只有3000元左右。

一个看上去没有什么知识和技术含量，只要是健康人都能做的工作，他之所以做得出色就是因为他选择做出租车司机那天开始，就决定用心做好这份工作，用心观察，用心总结。他对乘客的每一个细节都有准确的判断：

“每天大约开17个小时的车，算上油费和各种费用，平均每小时的成本为34.5元。如果上来一个10元的起步价，大约要走10分钟，加上每次载客之间的平均空驶时间7分钟，等于我花了17分钟只赚了10元钱，而17分钟的成本价是9.8元。”

这位老司机对理想乘客出现的时间和地点了如指掌，做到省时、省力、省成本，从而保持了高载率、高收入、高效能。后来，微软中国公司全球技术支持部门经理刘润邀请他为微软公司的50名员工讲了一堂课，45分钟的演讲被掌声打断了8次。

在平凡中勇于开拓，不断创新即为卓越。这就是一个平凡的人，在平凡的岗位上做着平凡的事情但却超越了平凡的典型例子。

工作头几年，很多人都心怀梦想，准备为自己的理想大干一场，风风火火一生，认为不成功便成仁才称得上完美。但是，面对平凡的岗位，简单的工作内容，年轻人就应该放弃吗？不应该继续做好手中的工作了吗？年轻人应该知道，成功始于脚下，始于简单的而重复的步伐。

无论做什么工作，只要静下心来，认真地对待这份工作，脚踏实地地去做，坚持不懈，持之以恒，最终我们就会发现这份工作背后耀眼夺目的钻石。只要我们的努力是持之以恒的，每一份工作都是一座宝贵的钻石矿。

作为一个刚步入社会的年轻人，由于各种条件的制约，能做到的事情并不多。我们没有理由不在通往成功的道路上平凡地奋斗着，没有借口不努力创造平凡生命中的不平凡。

第四节　工作不只为薪水，努力勤奋才能成事

工作是现代人生活中不可或缺的组成部分。工作让你能够独立生存，更丰富了你的生活，照亮了你的精神世界。如果只为了薪水工作，那么工作的价值和意义就被抹杀了。工作的价值得不到体现，你的个人价值又怎么更好的展现？你还能通过勤奋工作弥补自己的不足吗？

1. 与利等价的非钱

当业界传出唐骏将要离开盛大的消息时，很短时间内他就收到了20来家公司的邀请，其中大多数是互联网公司，还有的投资者表示愿意出资让他在网游行业创业。尽管他很看好网游的发展，也认为网游是所有的互联网商业模式中，最成功、最赢利的一个商业模式，但他认为自己不可以那么做。他说："每一次跳槽，在经济上当然会有一个要求，但这已经不是一个最重要的要求，我更关注的是工作的内容和性质。"工作头几年，我们或许还不能与唐骏相提并论，工作要"唯利是图"，但"利"绝不仅仅等于"钱"。

唐骏离开微软的时候，被微软创始人比尔·盖茨授予微软（中国）公司终身名誉总裁；选择离开盛大后，他还继续担任盛大董事，并被盛大董事长陈天桥称为"职业经理人的榜样"。

现在的年轻人往往将社会看得更冷酷、更严峻，因而也就更加现实。很多人认为，我为公司干活，公司付我一份报酬，等价交换，仅此而已。他们看不到工资以外的东西，没有信心，没有热情，工作时宁愿少说一句话，少写一页报告，少背一个行李，少走一段路，少干一个小时的活。他们只想对得起自己目前的薪水，从未想过是否对得起自己将来的薪水，甚至是前途。

某公司有一位员工，在公司已经工作了十年，薪水从不见涨。有一天，他终于当面向老板诉苦。

老板说："你虽然在公司待了十年，但你的工作经验却够不上一年，能力

也只是新手的水平。”

或许，这个老板对这名员工的判断有失准确和公正，但换个角度来看，这名员工既然能够忍受十年的低薪和持续的内心郁闷而没有跳槽到其他公司，就足以说明，他的能力的确没有得到更多公司的认可，也就是说，老板对他的评价基本客观。

也许你发现自己的老板并没有注意到你所付出的努力，也没有给予相应的回报，那么也不要懊丧，我们可以换一个角度来思考：现在的努力并不是为了现在的回报，人生并不是只有现在，而是有更长远的未来。

能力比金钱重要万倍，因为它不会遗失也不会被偷。许多成功人士的一生跌宕起伏，有攀上顶峰的风光，也有坠落谷底的失意，但他们最终重返事业的巅峰，原因何在？是因为有一种东西永远伴随着他们，那就是能力。他们所拥有的能力，既非一开始就拥有，也不是一蹴而就，而是在长期工作中积累和学习到的。

也许你的老板可以控制你的工资，可是他却无法遮住你的眼睛，捂上你的耳朵，阻止你去思考、去学习。换句话说，他无法阻止你为将来所做的努力，也无法剥夺你因此而得到的回报。

工作头几年，你无法命令老板做什么，但是你却可以让自己按照最佳的方式行事。不论你的老板有多吝啬多苛刻，你都不能以此为由放弃努力。因为，你不仅是为了目前的薪水而工作，更是为自己的未来而工作。

2. 成功偏爱执著者

英特尔创始人安迪·格鲁夫说过：“只有偏执狂才能生存。”

江春华2003年毕业，选择到一家大型的户外旅游用品店做导购，渐渐他发现这个行业非常具有发展前景，并且利润也较高，于是他根据自己掌握的旅行用品的货源情况，跟亲戚同学凑了一些钱开始自己创业。那时候他压力确实很大，也想过万一自己的想法失误，该如何偿还的问题。但“拼”的念头已出，他决定不管成败都要试一试。

一般人创业，总会担心创业失败带来的巨大风险，然而江春华不考虑这些。他说：“我也不笨，另外我还年轻，我不想过早被束缚，我需要激情来燃烧我的青春。本来就什么也没有，如果创业失败了，大不了从头来过。我天生不怕冒险。”

那时候，旅游用品还没有太大的市场空间，但是却有很多小型旅游用品生产商，往往这些商品都是在江苏低价加工后运往上海、北京等大城市再以高价售出，他看准了这个中间的贸易差，于是带着自己批发而来的旅游用品到了上海。

虽然上海的旅游用品业非常发达，但是在很多的销售旅游用品的门店中，货源的提供都已经形成了系统，其他供货商很难插足。江春华于是寻找其他销售渠道和方法，在寻找的过程中，他开始怀疑自己的选择，也感到了空前的挫败感。

他开始为自己的将来作两手准备：一是继续找新的方式来销售自己的旅游用品；二是准备找工作。就在他为此准备之时，他从报纸上了解到了电子商务，知道销售还可以通过互联网这种拥有庞大的覆盖面的渠道进行。这令他非常兴奋，于是他连夜上网查找资料，对电子商务平台进行了解比较，最终通过了解和比较，选择了环球财富网。

在环球财富网成功谈成他的第一笔生意之后，他陆陆续续地接到了第二笔订单、第三笔订单……在一个月的时间内，采用通过环球财富网这个平台进行批发和零售的办法，他把货物销售一空，同时自己也升级到大型旅游用品门店以及户外运动俱乐部的高级别批发商行列。他用赚到的钱去找其他的品牌公司进货，采取各个击破的办法，陆陆续续找了20多家品牌产品做代理，他在环球财富网上的品牌旅游用品公司终于成形。

江春华说：“竞争就像逆水行舟，不进则退，不快则难以前进。”江春华计划通过加速发展，保证“春华”在行业内的领先地位。

工作头几年，趁着年轻要多方尝试，在找准目标后要坚持不懈地努力，凭毅力与智慧去追求所企望的目标，至终必然会得到所要的。

3. 勤能补拙促成功

没有什么文化，和他说话别人经常听不懂他说什么，他也就会写写自己的名字。但就是这样一个人，却能把事业做成京城行业的龙头，关键在于他的勤奋。

他创业初期，北京的建材行业才刚刚起步，他揣着几百元钱南下广州，凭着父亲的一个老朋友写的一张字条找到了一家建材生产厂，说服人家做代理商，可以先卖货后给钱。回京后，借了一万块钱，租了个很便宜的地方放货，就在四面露风的一间房子里开始了他的创业。

那是冬天，天很冷，屋子里没有暖气，他就穿上厚厚的棉袄联系业务，一家一家地打电话，基本都遭到拒绝。但他没有灰心，他决定登门拜访客户，以求得对方的信任。一天天，他马不停蹄地奔走于客户之间，从来没有因为恶劣的天气而停下来。终于有一个客户同意和他谈谈，客户来到了他四面透风的办公室，看到他在那么冷的屋子里穿着厚厚的棉袄，戴着手套在打电话，客户也被感动了，他淘到了创业的第一桶金，签了30万元的单子。

春节，正是合家欢聚的时候，他却一个人守在冰冷的办公室里，听着外面的鞭炮声，心里也很难过，他总说，勤能补拙，我相信，只要勤勤恳恳地做好每一个客户的工作，别人做不了的事，我一定能做。就是这种超出常人的勤奋，让他苦尽甘来。

由于他勤于奔波，生意越做越红火，那时的生意要比现在好做，因为做的人少。他很快就积累起了原始资金。尽管很多管理上的事他不懂，但他有他的办法，就是以身作则，身先士卒。他用自己的行动给员工做出表率。他一定是每天来得最早的人，也一定是走得最晚的人，他几乎就没有休息过。夏天到他办公室，他总是大汗淋漓地在办公；冬天到他办公室，他的办公室里一定没有取暖设备，还是厚厚的棉衣棉裤，这时的他，已经是年营业额几千万元的老板了。而员工的办公区却是该有什么有什么。

有人不解地问他，为什么要让自己这样苦，他就会说："我不能让自己太舒服了，因为我就是这样过来的，我怕一旦让自己舒服了，我就会失去斗志，变得懒惰了，不勤快了。"

一个勤奋之人能把事业做大，在于赚钱不再是工作的唯一目的，他的上进心，没有一刻让他放松过，更在于他的吃苦耐劳，勤奋的行动。

工作头几年，生存是前提，但薪水绝对不是工作的全部。年轻人要让自己在社会实践中经受磨砺，勤于职守，收获的将比薪水要多得多。

第五节 职场不会迁就你，选择最适合自己的

初入职场的年轻人都想为自己寻找一个起点高的平台，都希望进入五百强这样的企业中成就自我。的确，无论上司怎样蹩脚，好公司总比烂公司更为划算。但是在你认为的理想企业中如果没有能发挥才能的地方，那么是金子也可能被埋没了。选择工作和挑选鞋子是一个道理，适合自己的才是最好的。

1. 选择公司而非上司

在好公司里的蹩脚上司手下工作好，还是在烂公司里的好上司手下工作好呢？不同的人会有不同答案。

在职业生涯中，每个人都可能在某个阶段遇到和忍受一些喜怒无常、卑鄙龌龊或者毫无能力可言的人。如果你在一家好公司里认真工作，公司的领导迟早会发现这个不称职的上司，把他辞掉。这可能需要几个月，甚至是一年或更长时间。如果是这样，你甚至有可能因为你在“艰苦”条件下的出色表现而获得提升。

但即使你没有因为过去的“艰苦工作”获得提升，你的境遇也会有所改善。公司也许会给你调来一位好上司，或者你也可以去其他部门寻找其他新机会。在一家优秀的公司与一群优秀的人在一起工作的经历非常重要，优秀公司的声誉将为你未来的发展提供一个极有分量的资质证明。

现在，我们来看看另外一种情况。毫无疑问，能有一个优秀的上司是人生中最好的体验之一。优秀的上司能让工作变得轻松有趣，使你更了解工作的意义。他们还能在各方面关心你，让你对单位产生家的感觉。

但是“好上司加烂公司”这种情况就像是铺着大鹅绒的棺材。所有的上司最终都会离开——不是被提升、辞退，就是调任到其他部门。在烂公司任职的好上司更可能离开，因为他们的压力更大——除了正常的工作之外，还要“保护”他们的下属不受公司其他问题的影响。这一负担或者让他们身心

疲惫，或者让他们在公司里深受排挤，或兼而有之。不管是哪种情况，一有合适的机会，他们马上就会离开。

在一家烂公司里，好上司给你的关照只是暂时的。当他们离开公司后，你还在那里，而且你无力改变公司的现状，你将被牢牢地“套”在那里。在一家二流企业或者是声誉很差的公司里工作的人也很难找到新的工作。

从某种意义上说，这个问题就是让人们在短期利益和长期利益之间进行选择。从短期利益来看，在一个不称职的上司手下工作，即使这是一家很优秀的公司，对你来说也很可能是度日如年。但是，从长期利益来看，在优秀公司工作，你更能得到能力上的提高，何况这位上司离开之后，至少你有了升迁的机会。

在一个优秀的上司手下工作，从短期利益来说，很可能是轻松惬意的，即使这家公司处于迅速衰落的时期也是如此。但是，从长期利益来说，这些轻松快乐的经历给你留下的只有负面的影响。你的上司离开你后，给你留下的只是一个在二流公司任职的经历和美好的回忆。

工作头几年，为了将来的发展考虑，一定要选择在好公司里工作，而不要因选择上司影响你的未来。

2. 不要最好只要最适合

市场中有很多的行业可以选择，最重要的是知道自己最适合做什么，只有做自己最适合的才是最愉快的，也才是最容易做好的。现代社会分工越来越细，职业的选择也越来越多样化，特别是对于刚刚毕业踏出校门的毕业生而言，在找工作前一定要替自己作好职业定位，看它是不是适合自己，只要是适合自己的，理当是最好的。

有一个没有工作的人到微软去找一份清洁工的工作。在经过面试以后，人事部门告诉他被录取了，向他要 E－mail，以寄发录取通知和其他文件。

他说：“我没有计算机，更别提 E－mail 了。”

人事部门告诉他：“对微软来说，没有 E－mail 的人等于不存在的人，所以微软不能用你。”

他很失望地离开微软，口袋里只有 10 美元。他只好到便利商店买了 10 公斤的马铃薯，挨家挨户地转手卖出。两个钟头后马铃薯卖光了，获利 40 美元。接下来他又做了好几次生意，把本钱增加了一倍。他发现这样可以挣钱养活自己，于是，认真地做起这种生意来，凭借个人努力和一些运气，他的生意越做越大，还买了车，增加了人手。五年内，他建立了一个很大的“挨家挨户”的贩售公司，提供人们只要在自家门口就可以买到新鲜蔬果的服务。最后，他成了百万富翁。

他考虑到为家人规划未来，于是计划买一份保险。签约时，业务员向他要 E－mail。他再次说出：“我没有计算机，更别提 E－mail 了。”

业务员很惊讶：“您有这么样一个大公司，却没有 E－mail。想想看如果你有计算机和 E－mail 的话，可以做多少事啊！”

他说：“我会成为微软的清洁工。”

一个人的职业选择是否是成功的，并不一定看他有多高职位、多大的官衔，是否从事热门的、有“面子”的职业，而重要的是看这个职业能否实现他自身的价值。某省一位副省长主动辞去职务，回到阔别 19 年的母校——某大学任教授。一时间一些人颇为不解：一个人正值盛年、事业正旺的时候，为何放下“高官”不做，而去大学当个普通教师？对此，这位副省长回答说：“回到我所熟悉的书房、课堂，再干我终生喜好的写作和教授的本行，真令人惬意。”在他看来，副省长尽管是个不错的甚至是令许多人钦羡的职位，但对于他自己来说，还是不如做一名教授更有利于自己能力的发挥，更让自己感到“惬意”。

第六节　怒火只会毁了你，学会控制自己的情绪

曾经有位智者说过：“人性当中，最大的两个弱点是愤怒和欲望。”的确，在所有的负面情绪中，愤怒是最激烈的一种。愤怒的情绪除了能伤害到外人外，更多的反作用会指向自己。工作头几年，放肆地发泄自己的情绪，无异于自我毁灭，快乐又能和谁分享呢？

1. 不要灼伤自己

排解愤怒是高情商的一大表现。初入职场的年轻人尽量做到少生气、不生气，思想开朗，心胸开阔，宽宏大量，宽厚待人，谦虚处世。这样不仅有益于身心健康，也利于提高自己的道德修养和思想水平，于人于己都会有益而无害。

如果你不注意培养自己忍耐、心平气和的性情，遇到一丝火星就暴跳如雷，那么，你的言行给周围人造成的伤害是永远无法弥补的。

陈小凯曾经是一家公司的业务经理，有着骄人的业绩，公司配给他专车，每月有5000元的收入，这一切都是大家所羡慕的。

一次，因为一笔业务，他和总经理有了纷争，总经理的言辞十分尖锐，这是陈小凯所不能容忍的。

两个男人在办公室里吵得不可开交，两人都拍起了桌子，陈小凯说这些年，他给公司带来了大部分的业务，而总经理说这些年待他也不薄。两人都斗红了眼，没有人敢来劝架。

这次大吵最终导致陈小凯的离职。

陈小凯其实是不忍心放弃这份工作的，得知陈小凯要走，总经理进行了委婉的挽留。陈小凯心中有了一种快意，他就是要让公司因为失去他，而遭受到损失。

他义无反顾地走了。

走的那天，他心情十分舒畅，陈小凯觉得总经理会十分难过。他甚至想，总经理还会过来再次挽留他。

但是，没有。

总经理看到他在整理资料，对另一位职员说："等会儿把陈小凯的位置打扫一下，明天有一位新职员进来。"总经理悠闲地走开了。

陈小凯离职后，到了另外一家公司，但一年工作下来，这家公司的待遇、人际关系糟糕透顶，他时时处处受到排挤。原先那个意气风发的商界精英，天天胡子拉碴，眉头紧锁，唉声叹气。陈小凯说，在原公司，他一直以为自己是一个人才，出来后，他才发现自己什么都不是。

陈小凯说，他其实喜欢原先那家公司里的氛围，在那里，他的长处得到淋漓尽致的发挥。

但是，陈小凯回不去了。

在职场中，许多人都在犯陈小凯这样的错误，当事业处于顺境时，会把自己看得很高，不能容忍工作过程中的不顺心。以为自己是最好的，整个公司会依赖你，不能缺少你。

其实，在一个公司里，什么人都是可以缺少的。在老板眼里，不论你干得如何出色，你都是他的一位员工，一位他付薪而你必须为他提供劳务和智力的员工而已。

对于一位打工者而言，你的职业规划才是最重要的，你必须死守自己的职业规划，忍受许多，承担许多，而不是头脑一热，任自己内心的火山爆发。

工作头几年，内心的火山每个人都有，只是大家都会很小心地隐藏罢了。火山一旦爆发，受伤更多的是你自己。

2. 不要冲动发泄

世界上从来就没有过完美的公司、完美的老板、完美的上司、完美的同事，也没有完美的个人。如果你沉不住气，怒气冲冲地找上司或什么人表示你对他的安排或做法不满，很可能把他也给惹火了。

所以即使感到不公平、不满、委屈，也应当尽量先使自己心平气和下来再说。也许你已积聚了许多不满的情绪，但不能在此时一股脑儿地抖出来，而应该就事论事地谈问题。过于情绪化将令你无法清晰地说明你的理由，而且还使得对方误以为你是对他本人而不是对他的安排不满，如此你就应该另寻出路了。

增强理智感，可以使我们遇事多思考，多想想别人，多想想事情的后果，认真对待，慎重处理。当想与人争吵时，也可反复提醒自己："千万别发怒，要冷静。"这样，就可以遏制情绪冲动，避免不良后果。

美国的罗宾森教授曾说："人有时会很自然地改变自己的看法，但是如果有人当众说他错了，他会恼火，更加固执己见，甚至会全心全意地去维护自己的看法。不是那种看法本身多么珍贵，而是他的自尊心受到了威胁。"发泄情绪时，要多利用非正式场合，少使用正式场合，尽量与上司和同事私下交谈，避免公开提意见和表示不满。这样做不仅能给自己留有回旋余地，即使提出的意见出现失误，也不会有损自己在公众心目中的形象，还有利于维护上司的尊严，不至于使别人陷入被动和难堪。

所以，即使受到了极大的委屈，也不要把这些情绪带到工作中来。很多人认为自己是对的，等上司给自己一个"说法"。这样做不仅正常工作被打断了，影响了工作的进度，其他同事对你产生不满，更高一层的上司也会对你形成坏印象，而上司更有理由说你是如何不对了。要改变这么多人对你的看法很难，今后的处境将更为不妙。

3. 给自己找乐儿

拿破仑·希尔——成功学的创始人曾说过："自制是人类最难得的美德，成功的最大敌人是缺乏对自己情绪的控制。愤怒时，不能遏制怒火，使周围的合作者望而却步；消沉时，放纵自己的委靡，把稍纵即逝的机会白白浪费。所以我认为，职场成功的关键就是具有控制自己情绪的能力。"

相当多的职场人士将这种不快乐的心情互相影响，使大家都感到"累"。其实，职场中人都明白，最主要的"累"不是因为工作紧张与压力，而是"心"苦、"心"累——下属反叛、领导压制、同事之间钩心斗角。

国王有七个女儿，这七位美丽的公主是国王的骄傲。她们那一头乌黑亮丽的长发远近皆知。所以国王送给她们每人一百个漂亮的发夹。

有一天早上，大公主醒来，一如往常地用发夹整理她的秀发，却发现少了一个发夹，于是她偷偷地到了二公主的房里，拿走了一个发夹。

二公主发现少了一个发夹，便到三公主房里拿走一个发夹；

三公主发现少了一个发夹，也偷偷地拿走四公主的一个发夹；

四公主如法炮制拿走了五公主的发夹；

五公主一样拿走了六公主的发夹；

六公主只好拿走了七公主的发夹。

于是，七公主的发夹只剩下99个。

隔天，邻国英俊的王子忽然来到皇宫，他对国王说：“昨天我养的百灵鸟叼回了一个发夹，我想这一定是属于公主们的，而这也真是一种奇妙的缘分，不晓得是哪位公主掉了发夹？”

公主们听到了这件事，都在心里说：“是我掉的，是我掉的。”

可是头上明明完整地别着一百个发夹，所以都懊恼得很，却说不出。

只有七公主走出来说：“我掉了一个发夹。”

话才说完，一头漂亮的长发因为少了一个发夹，全部披散了下来，王子不由得看呆了。

故事的结局，想当然的是王子与公主从此一起过着幸福快乐的日子。

为什么一有缺憾就拼命去补足？一百个发夹，就像是快乐的工作生活，少了一个发夹，这个圆满就有了缺憾，但正因有了缺憾，未来才有了无限的转机，无限的可能性，这何尝不是一件值得高兴的事。

工作头几年，只要你放弃以自我为中心的想法，放弃对他人的猜测和种种抱怨，相信自己的看法，意见没有绝对的对与错，任何事情都要经过切磋琢磨，才能得出最理想的结果。如此，你才能赢得大家的喜欢和尊敬；如此，你才能真正快乐起来。

第三章

梦想决定高度，成功始于规划

< < <——工作头几年，带着梦想起飞

梦想可以比天高，实现梦想不能没有合理的规划。天生我材必有用，倘若不知“镜中我”，如何规划自己的人生？如何实现自我的价值？昨日的优秀应该到此为止了吗？俄罗斯撑竿跳女王伊辛巴耶娃带着梦想连续几次打破女子室内撑竿跳世界纪录，然而，每一次她都在调整心态，她一直在进行着自我挑战，挑战极限，带着她的梦想跳越。工作头几年，不要做个井底之蛙，因局限在有限的空间里而不能带着梦想轻身起飞。

第一节　把握自己，规划人生

性格决定命运，培养良好的性格，寻找性格系统中的亮色，是一项很有意义的工作。不同的职业要求不同的性格与之相匹配，在进行职业生涯规划时，把自己的性格和兴趣考虑进去是必要的。当然不能忽视的是，在职场中应该选择能够体现自身优势的行业，为自己增加竞争的砝码。

1. 性格决定命运

戴尔·卡耐基曾说："一个人的成功85%归于性格，15%归于知识。"要想取得事业的成功，性格是一个十分重要的因素，尤其是那种招人喜欢、给人快乐、具有魅力的性格。

对于初入职场的你来说，现实的残酷也许不得不使你对职场生涯进行规划，如果你不这样做，你可能就会成为一个庸碌者、一个失败者和一个后悔者，也就无法到达职场的最巅峰成为众人瞩目的成功人士。

因此，对职场人而言，想要把握好分寸，使自己的生活不至于一团糟，使自己的未来充满迷人的色彩而非空中楼阁，就必须进行科学的职场生涯规划。

世界上没有完全相同的两片树叶，更没有完全相同的两个人。从这个意义上说，人们的性格是千差万别的，每个人都有自己独特的性格。每个人都有与众不同之处，哪怕很小很小。因此，进行规划前必须了解自己的性格。

每个人都有自己独特的性格，可以说性格是人与人存在差异的重要标志。心理学家认为，性格会影响人的一生。只有培养优良的性格，才能成就自己，因为没有人能依靠孤芳自赏的性格获得成功。

性格决定命运，命运影响终身。消除性格中的缺陷，可能改变人的一生。因此，请相信性格的力量：相信性格具有可以改变生活和命运的力量；相信性格影响着事业前程与生活质量；相信培养一个良好的性格将使人终生受益；相信命运掌握在自己的手中。

命运是可以改变的，只有锻造自己坚强的性格，勇于面对困难，加以不断努力，你才可能获得成功。

因此，从某种意义上来说，尽管人们把性格看成是天生的，但它仍旧是自我修养的结果。我们不可能生来就具有某种性格。可敬可亲、富有魅力的性格是靠自己慢慢培养起来的。

成功要靠自己，靠自己的信心，靠自己的思考能力，靠自己的冷静处事，靠自己的独立性，靠自己顽强的意志，靠自己的豁达，靠自己的态度，靠自己的坚忍与刚毅，特别要靠自己性格的塑造与调整。

工作头几年，靠自己的性格去获取成功，靠培养良好的性格去改变命运吧！

2. 自我剖析，挖掘特质

工作头几年，你应该体会到个人因素，尤其是性格和兴趣对职业选择的影响很大。不同的职业有不同的性格要求，虽然每个人的性格都不能百分之百地适合某项职业，但却可以根据自己的职业倾向来培养、发展相应的职业性格。职业心理学的研究表明，对企业而言，性格决定了员工适合的工作岗位和能达到的工作业绩；对个人而言，性格决定着个人事业能否获得成功。

例如，严谨型的人，个性上比较注重工作过程中的各个环节、细节的精确性，愿意按一套规划和步骤工作，工作尽可能做得完美，倾向于严格、努力地工作，以看到自己出色完成工作的效果。此种性格的人合适从事会计、审计、档案管理员等工作。

兴趣对人生事业的发展也至关重要，所以兴趣自然也是职业选择应考虑的重要因素之一。例如喜欢从事具体的工作，喜欢制作看得见、摸得着的产品并从中得到乐趣，希望很快看到自己的劳动成果，并从完成的产品中得到满足的人，合适从事室内装饰、园林、美容、美发、手工制作、机械维修、厨师等工作。

同样的，兴趣虽然可以培养和扩展，但是选择更适合你兴趣类型的职业更好。在《选对池塘钓大鱼》这本书里，作者雷恩·吉尔森将“钓鱼”和“生涯规划”进行比较分析，其中在选对池塘的第二个原则——“选择正确的方向”当中，作者举了一个例子：你刚刚大学毕业，摆在你面前有两份工作，一份工资待遇高，但与自己的兴趣并不吻合，另一份工资待遇低，却是自己喜欢的，你该如何选择呢？大多数人的答案是：“我会选择自己喜欢的工作。”

但是，一旦面对现实，我们的心理天平就会失衡，尤其是当收入水平的高低差距超出了我们的心理承受能力时，大多数人都会失衡，这时大多数人真实的想法是："先接受那份待遇高，而自己不感兴趣的工作，积累一定的财富后，再去干自己感兴趣的工作也不迟。"

在竞争激烈的时代，初入职场的你如果没有较硬的核心竞争力，仅仅是为了一点点的收入差距就放弃选择一个正确方向的机会，实在是很愚蠢。

有效做好个人职业生涯规划，要切忌完全否定自己、否定过去，而应该以既有成就为基础，准确评价个人特点和强项，并评估个人目标和现状的差距，准确定位职业方向，重新认识自身的价值并使其增值以发现新的职业机遇，或增强现有的职业竞争力。

在选定行业时，可以考虑几个方面：个人兴趣；所学专业；企业发展潜力；行业是否具有高附加值。当这些因素都不符合自己的要求或期望时，性格往往能帮你渡过生存的大关，从而出现新的转折。

3. 发展自己的独特优势

工作头几年，你或许时常感到在这个瞬息万变的时代，科技发展一日千里，市场经济千变万化，知识更新速率飞快，人才的需求也随之不断改变。由于知识折旧速度加快，搞了多年技术的人才，由于知识不更新而不再是个人才，多年的经验会因为新技术的出现而变得失去意义，工作中的优势越来越弱，自身价值得到充分体现的机会也越来越少，随着年龄的增长，升职的机会也越来越小。

宋金科所学的专业是机电一体化，毕业后从事了五年的电气工程工作。但是，他越做越没有劲头儿，他自己认为：电气是自己感兴趣的专业，在这一领域自己也有拿得出手的技术，做下去，虽不会厌倦，但前景不好，毕竟属于非主流行业；再有也不想做技术了，觉得总是轻车熟路地解决一些单一的技术问题，思维僵化，没有新鲜感。于是他准备一年后进行计算机软硬件开发的培训，然后去搞IC设计。

为了更科学地跨行业跳槽，宋金科进行了职业测试，分析了自己的实力和优势，结论是：如果还是做技术，那么前五年积累的经验，一次清零太可惜了。如果从个人优势来说，最好是从事电气工程工作，并且一直做下去。如果电子电路基础、数字电路基础都很好，行业内调整会更好。从事IC设计工作不是不好，但是与学 IT 专业的精英们相比，半路出家何谈竞争力？

找工作就是人岗匹配，不能高攀，高攀达不到目标，浪费时间；也不能低就，低就浪费自己的资源，使自己的心态不能平衡，从而导致反复跳槽，也浪费时间。二者都是在拿青春赌明天。在激烈的竞争中，每个职场人士都要有给人生正确定位的能力，即自我的人生价值和角色定位、人生主要目标的设定等。一个人能否取得事业上的成功，关键在于是否能准确识别并充分发挥自身的优势。

清楚了解自身的优势后，就要树立明确的职业发展目标。职业是人生最大事，需要好好规划。职业规划就是首先对自己的内在因素进行测评，来衡量人的真实内心世界，找到自己的潜质。测评不是目的，是手段。目的是找到内在、外在的优势，合起来形成自己的核心竞争力，找到当前最佳职位切入点和未来各阶段发展平台。

职场中人，离开了自己的优势去竞争，是很痛苦的，容易迷失自己的方向。像宋金科这样有计划转行的职场人，应该充分发挥自己特长，利用业余时间补充 IT 知识，争取做个新型的复合型人才。知识的更新速度是飞快的，职场中人，要想在日新月异的行业技术发展中求得发展，就必须主动及时更新自己的知识结构，掌握最新的技能、技术，为自己职业的发展补充新鲜血液。职业生涯本身就是一个不断深造、不断积累、不断提升的过程。如果不学习，不接受新事物，不用新近出现的知识、技术武装自己，当新技术普遍运用时，你就有可能被淘汰掉。

第二节　实现价值，规划职业生涯

刚入职场应清晰地知道自己在职场的生存原则是什么。心理学家比较认同的生存法则是，抱着一种积极的心态生活，努力朝着一个方向前进，哪怕最后得到的并不多。做人如果没有梦想，那和咸鱼又有什么分别？工作头几年，看清自己前进的方向，相信只要抱有梦想，死气沉沉的“咸鱼”就能变成活蹦乱跳的“鲶鱼”，光芒四射。

1. 起点低，不可怕

对于毕业后的第一份工作是否重要这一问题，有不同的说法。有的人认为，第一份工作是职业生涯的“起点”，有时甚至决定了一个人终身从事的行业，按照“男怕入错行”的古语，第一份工作非常重要；有的人认为，在人一生几十年的职业生涯中，多次换工作是很正常的，第一份工作不会干一辈子，在年轻的时候多尝试不同的工作，才能找到适合自己的职业。

这些说法都有一些道理，从长期的职业发展来看，第一份工作能够带给你的东西其实还是很多的。第一份工作会成为一个标杆、一个标准，从而影响你对新工作机会的判断；在从事第一份工作的过程中形成的工作经验，包括工作方法、工作习惯、工作态度、思维方式，可能会使你形成思维定式，以为就应该这么工作，从而无法适应要求更高、更有发展的机会的工作。

如果第一份工作遇到好的老板，他会挖掘你的潜能，帮助你了解自己的优势以及职场中适合你发展的路线，使你在几年后能够站上更高的平台上，有更好的发展机会，因而，凑合找一份工作，会因为得不到有利于自己的指导而走弯路；第一份工作能够帮助你积累起有利于以后发展的人脉，这些人会成为你的圈子的一部分，影响你以后的发展和活动范围；第一份工作的薪水会影响你对未来收入的期望与企图心，因而，也不能过低。

进入职场，第一份工作对一个人的影响还是比较大的，但第一份工作的获得在很大程度上取决于你在进入职场之前，对职场有多少了解，取决于你在学校中学到了多少与职业有关的知识与技能，取决于对自己职业特长、职业兴趣的了解，对自己职业目标的定位，因而；在正式工作之前就开始在职场中尝试、探索是很有必要的。

随着社会的高速发展，人心态浮躁，渴望着一步登天，所以难免眼高手低，在选择工作平台的时候不考虑自身的长远发展。

刘伟在尝试了几份工作后，感觉自己积累了一些行业的工作经验，于是在找工作时有了更高的要求，她认为自己毕竟看起来要比应届生有选择的资本。然而她碰了一鼻子灰，究其缘由就是她对岗位的需求缺乏实际了解，对自身的能力把握不准，在岗位的选择上超出自身现有能力，没有找到最合适自己且有长远发展前景的平台。

工作头几年，首先要求生存，无论起点高与低，大家都要奋力工作，欲想决胜职场，不应过多地关注起点，而更应该关注进步速度。

2. 方向比方法更重要

西方有一句谚语："如果你不知道你要到哪儿去，那通常你哪儿也去不了。"职业生涯规划一旦设定，它将时时提醒你已经取得了哪些成绩以及你的进展如何。一个没有计划的人生就像一场没有球门的足球赛：令球员和观众都兴趣索然。

不少职场新手怀里揣着食品科学与工程的本科毕业证上房地产公司应聘销售代表的工作。自认为拥有敏锐的洞察力，看好房地产的广阔的前景："房地产行业虽然在好多城市被贬为泡沫，但中国还有最少近5亿的人民在为那个安乐窝而日夜操劳。"殊不知，房地产公司的想法是："你是本科毕业，可不是建筑工程系毕业的，你学历高，可没有实际销售经验。"这样盲目的求职，实在是浪费时间和精力。

"无惊无险，又到6点。"临近下班，在机关工作的办公室文员小池关上电脑，起身回家。"工作就是一个养家糊口的工具，别人要在职场上扑心扑肝、呕心沥血、殚精竭虑、两肋插刀，那是别人的事。"小夏认定的宗旨就是，每天把该干的活干完，就对得起自己这份薪水了。

职场上总有这么一群人，没有工作目标，缺乏职业规划，不想升官发财，每天安于现状，被扣上“职场咸鱼族”的帽子依旧“我自岿然不动”。

“因为没有找到心仪的工作，现在这个公司只是我的一个过渡平台。就像谈恋爱一样，没有遇对人，怎么可能全心付出，先凑合着过日子而已。”小欧是一家IT企业的员工，大学毕业一年，同样抱着“咸鱼族”的心态混日子。

和小池相比，谢自威入列“咸鱼族”纯属被动。尽管只是一家房地产公司的小职员，但他怀揣着远大理想，准备在这个行业干出一番事业。但职场打拼并不尽如人意，谢自威碰到的郁闷事接二连三，不是好不容易谈成的一笔单子客户突然跳单了，就是被同事横插一脚夺去了一块大蛋糕。频频受挫，谢自威的消极怠工情绪日渐浓重。

“我也不想做咸鱼族，但一切都不顺利，在别人眼里我就是个一事无成的咸鱼族，咸鱼就算翻身，还是条咸鱼。”他说。

其实，“咸鱼翻身”关键是认清自己，方向比方法更重要。

3. 欢迎“转行”机会

欧洲有句著名的格言：“不容许修改的计划是坏计划。”人生的旅程是一个不断变幻的景观，向前跨越，你就会看到不同的景观，再向前去又是另一番景象。职业生涯亦是如此，工作头几年，要想达到自己的目的，就必须随时检视自己的选择是否有偏差，适当调整目标，放弃无谓的固执，迎接新的转型。

富兰克林认为，坏的计划比没有计划更糟糕。这句话包含两个意思：首先试行这个计划，必会导致我们有所改变；其次，我们必须具备调试能力，能够随时修正、改进这个计划。

著名作家柳青说过一句话：“人生的路很长，但是最关键的就是那么几步。”可是每次我们在想到这句话的时候，往往会看到眼前有多条道路可以选择。跳槽、转型、晋升、创业，每一条道路上都可能是鲜花盛开，也可能是荆棘密布。究竟应该如何走好每一步，或许走过这条路的人所能分享的经验教训，更加值得借鉴。

电信、银行等单位一直是许多人非常向往的工作单位，清差厚禄，旱涝保收。但王一峰对此却不以为然。

王一峰毕业后的前两年就职于陕西省工商银行，从事银行电信内全国性业务系统开发。后来在全球最大的网络公司从事研发工作，熟悉 Unix 系统以及 C/C ++ 语言，擅长大型系统软件需求分析、设计、架构、实施和维护，目前是某全球金融信息数据处理公司的技术主管。

在银行，虽然可以拿很高薪金，整天也很清闲，不是看报纸就是打游戏，但王一峰感觉到那并不是自己喜欢的工作，没有任何激情和斗志可言。他作出离开银行的决定时遭到几乎是身边所有人的反对。但最终，他还是一意孤行离开了银行，远走他乡到上海这座大城市去寻找自己的人生道路。

从国企到民企再到外企，从打杂到程序员到高级程序员到 Team leader 再到技术主管，从小酒店 MIS 到企业 OA 到全国性的大系统再到世界领先的分布式计算平台集群软件。他回忆说："若干年过去了，经历了高速的发展和获得了很多不同的经历，但唯有当时选择离开银行这件事情让我至今都为之兴奋。迄今为止，这是我自己觉得最最有成就感的事情。"

个人的职业规划就像软件工程，要以满足客户需求为目标，不断更新自己的软件版本。在个人的职业规划中，自我需求的不明确和需求的变更也是非常危险的，尤其是在职业计划实施了几年后需求的变动和改变。此后随着自身的日益成熟，可以随时为自己的 Bug 打补丁，改进自己的职业生涯的设计和实施细则，并为自己加上更多、更强的能力，最终达到软件版本的升级。

第三节 力争“优等”，规划成长目标

工作头几年，你进入职场，也就进入了办公室。在格子林立的办公室里，每个人都带着彬彬有礼的笑容，尽量保持良好的职业素养，争取与办公室“末等人”保持距离。办公室中的“优等人”总是少说多做，高效执行，他们总是保持踏实做事的心态，追求尽善尽美。

1. 不与办公室“末等人”为伍

工作头几年，高素质的你偶尔的发飙，会让人觉得你很真实，甚至有些可爱。不过，如果不分青红皂白经常发飙，那你恐怕就成了没本事大脾气的末等人，或者有必要看心理医生去了。

有些老板排解郁闷的方式是抽烟，因为手下带了一帮温柔能干的“白骨精”，他拉不下脸来发飙，只能借助化学物质挥发不爽。也许你的上司则擅长摔电话，他会出离愤怒地经过别人的工位，随手抓起别人的电话摔在桌上，当众说几句狠话，然后回到办公室继续工作。至于被摔坏的无辜电话，那可不关他的事。

老板发飙，天经地义，毕竟他有权决定给谁发奖金。可在实际工作中，下属向上级发飙的“壮举”也偶然会出现。

一位上司碰到了一个不好惹的新下属。该下属做一个市场推广活动花了好几万元，但方案执行前并未向他的上级领导申报预算明细。当他拿着高达五万元的报销单据走进上司办公室时，上司眼睛睁大了。一番激烈的争执之后，上司说：“你做事没有规矩，这笔钱我不能给你报。”下属大怒，脱口而出：“×××，老子是为公司搞活动才花这个钱，你凭什么不给我报？”

结果是，两个人都气得直喘粗气，僵持不下，最后通过更高层的领导从中斡旋，才把这件事给摆平了。还好这家公司不是那位上司开的，否则那位新下属可能早被开了。在很长一段时间内，两人互不理睬，但上下级关系依

然存在，工作还得继续干，个中滋味恐怕只有当事人晓得了。

一个“头等人才”总有办法降低公司成本，一个有本事的员工也就不必发脾气了。工作头几年，不能在从事一项工作时，得过且过，甘愿做一个掉在队伍后面的“末等公民”，而应该根据自己的优势，争做“一等公民”，与末等人划清界限。

2. 少说多做，提高自己办事能力

工作头几年，你要想在工作中快速获得成长，唯一的办法就是：少想，多做，立即执行。

复印机没纸了，悄悄地给加上；饮水机没水了，主动给送水公司打个电话。多做点这类看似鸡毛蒜皮的小事并非“大材小用”。它们往往最能给人留下好印象。另外，祸从口出，莫做“碎嘴婆娘”，免得卷入是非旋涡，得罪他人，或者贻笑大方。

少想不等于盲目，在保证工作思路绝对清晰的同时，执行力越高，执行速度越快，办事效率也就越高，效果也就越明显，个人能力的提升速度也就越快。

多做不等于什么都做。特别是新人，刚进企业总想表现得积极、努力，以此赢得上司的好感。但在团队工作中，虽然积极努力的员工是最值得尊敬和尊重的，但积极的过了头，难免会给同事留下爱出风头的坏印象，甚至有越俎代庖之嫌。因此，多做也要有个度，哪些事可以多做，哪些事不能抢着做，都需要新人们格外注意。

立即执行，即在公司里做任何事情之前不要思前顾后，想想这又想想那，什么该做，什么不该做，做不好又会导致什么样的后果，几次三番下来，要做的事情没有做好做完，不该耽误的时间却悄悄地溜走了。所以，有事应该立即去做。

总之，职场新人们千万要记住的几点就是：你是新人，无论你的能力有多强，任何时候都要记得给上司面子，把功劳让给上司；对待同事，热情但不过头；卖力工作；学习、学习再学习，因为你还是个新人。

在一个多雨的午后，一位老妇人走进了费城一家百货公司，大多数的柜台人员都懒得理她，但却有一位年轻人问她是否能为她做些什么。当她回答说只是在等雨停时，这位年轻人不但没有推销给她并不需要的商品，而且也没有转身离去，反而拿给她一把椅子。

雨停之后，这位老妇人向年轻人说了声“谢谢”，并向他要了一张名片，几个月之后这家商店老板收到了一封信，信中要求派这位年轻人前往苏格兰收取装潢一整座城堡的订单。这封信就是那位老妇人写的，而她正是美国钢铁大王卡耐基的母亲。

当这位年轻人打包准备去苏格兰时，他已经升为这家百货公司的合伙人了。

如果处理得当，学会少说多做的你最能影响其他成员，并在潜移默化的过程中影响到整个团队的成长与蜕变，从而得到领导的另眼相看，并最终委以重任。

3. 持尽善尽美的心态踏实办事

工作之中，总有人感到英雄无用武之地，但是事实却往往是，他们大事做不来，小事又不愿意做，眼高手低，好高骛远。

工作头几年，有的人觉得自己没有被伯乐看中，于是抱怨、牢骚都一起出来了。他们对待自己的工作漫不经心，每天把工作只看做是对老板的应付。他们对这种做法有十足的理由：“我不是没有能力，只是老板没有给我合适的位置，要是他把我放在一个较高的位置，我会做得很出色。”

这些想法实质上都是错误的。其实，这些人中的一部分人连他们自己究竟能干些什么都不十分清楚，心里可能认为自己能当科长、厂长，甚至董事长，但自身实际上却毫无实践经验，更没有经过实践检验，人家凭什么来信任他们呢？另一些人没有把握住老板把他们放在底层锻炼的机会，以为老板不看重自己，殊不知老板是在考验他们，但他们不踏实做事，所以让机会流失了；还有一些人虽然处于冷门行业，但是很少考虑这个行业中的机会，总是羡慕别人，结果最终也是一事无成。

因此，工作头几年应该有这样的心态：尽管你将来是一个干大事的人，也要先从每件小事踏实地做起。即使事情再小，只要做出成绩来，就有被提升的机会。

工作头几年，你要知道，工作的意义并不仅仅是为了获得一份薪水、一个位置、一份赏识，更重要的是你在工作过程中可以不断提高自己的专业知识，积累丰富的工作经验和为人处世的能力，这些都有益于你整个职业生涯的成功，这些价值和你所获得的薪水、位置、赏识相比要高出千万倍。如果你不踏实做事，反而会忽略了自己的进步，丧失了可能获得成长的机会，这才是你最大的损失。

踏实做事的人比起一般的人来说，一定是更能吃苦、更努力、更勤奋，而且，他们也做得比别人多、比别人完美。如果他是一位成功的企业家，那么，在取得成功的过程中，他一定付出了艰苦的劳动。没有一个成功的人例外。因此，在多数情况下，你不要只把想法停留在嘴巴上，而应放在行动上。

第四节 自我约束，遵守职业规则

潜规则暗示了公司的一种潜在文化和行事规则，往往只有老员工们才能深刻领会。如果对此尚不了解，那么不妨多请教资深同事，刚工作没几年的你既不能把自己的上司不当回事，也不能把他们的话真正当回事，执行起来也得有弹性，有时你的确需要装糊涂。

1. 用脑子听话，用眼神沟通

职场犹如一个大磁场，都有自己的规则。显规则告诉我们要用耳朵听话，用嘴巴沟通，客观存在的潜规则却说要用脑子听话，用眼神沟通。

雅惠是行政部职员，初来乍到，一身稚气，不知公司两位高层李副总和张副总是面和心不和，李副总同意的事，张副总有意见，反之亦然。

公司不大，所以行政部有时候也兼做些类似秘书的工作。那次给老板写年终报表分析，张副总让雅惠先按他设计的表格做报告，过两天李副总问雅惠有没有什么格式，雅惠就把给张副总的那份报告给他参考，此举让张副总非常不快，嘴上没说什么，却冷冷地把雅惠叫进来让她按自己的思路重新设计表格、重新做报表，还开玩笑般不冷不热地加了一句“这可是有知识产权的，要保密哟”，闹得雅惠一头雾水。

后经资深高人点化，才知原来二总相争已非一日，大到争权、争利、争人缘，小到争外出公车的品牌，都要显出个人的身价。所以身为他们的下属，一定要口风严，都不能得罪，李副总的话没错，张副总的意见也没错，这时候你不光要用耳朵，还要用脑子。

雅惠这才知道自己碰到了只可意会不可言传的事，暗叹公司的运作与生存艺术实在不同凡响，身为下属向左走还是向右走，就看脑子作出的判断对不对了。

谭丽丽是张副总的小表妹，那次在给客户作培训时不小心砸坏一个价值

8000 元的机头，当着李副总的面，张副总皱着眉头严厉地对雅惠说：“要查，要按公司规定罚款，绝不能敷衍了事。”

雅惠这次可学乖了，先是查找能够遵循的公司制度，然后给行政部出了个方案：扣发一个月奖金。奖金嘛，一个月不到 1000 块，当然比不上 8000 元的机头钱。雅惠执行的方案是：非故意损坏的要酌情惩罚，情节严重的要照价赔偿。人家谭丽丽把机头弄坏的时候，可是哭得梨花带雨，这谁都看见了，这怎么也不能说是情节严重吧，所以雅惠就建议酌情惩罚了。

事后张副总也追问雅惠的解决方案，还打着官腔问惩罚力度是不是不够，雅惠巧妙地述说了上述理由，张副总没再说话，挥挥手让雅惠走了。不过接下来的日子，他和雅惠说话的时候总是那么和颜悦色，让她感到特别的舒服。

工作头几年，年轻人在处理工作中问题的时候，特别是人际关系问题，在倾听的同时更要勤于思考，动动脑子，再采取最佳的方案。另外，作为职场新人，你的真诚不仅仅通过行动来体现，通过你的眼神也是一种沟通的好方法。

2. 不要轻易藐视平庸的同事

工作头几年，那些努力敬业的同事值得自己尊重和学习，但对于那些“不努力”与“非敬业”的懒散的同事也不能得罪。

原以为外企公司的人各个精明强干，谁知过关斩将的王海莹拿到门票进来一看，原来不过如此：前台秘书整天忙着搞“时装秀”，销售部的小红每日迟到早退，3 个月了也没见她拿回一个单子，还有统计员月月，整个一个吃闲饭的，每天的工作只有一件，统计全公司 306 个员工的午餐成本。天！王海莹不禁惊叹：没想到进入了 E 时代，竟还有如此的闲云野鹤。

那天去行政部找李琶领文具，小红陪着月月也来领，最后就剩了一个文件夹，王海莹笑着抢走说先来先得。月月可不高兴了，她说你刚来哪有那么多的文件要放？王海莹不服气，“你有？每天做一张报表就啥也不干了，你又有什么文件？”一听这话月月立即拉长了脸，李琶连忙打圆场，从王海莹怀里抢过文件夹递给了月月。

王海莹气哼哼地回到座位上，小红端着一杯茶悠闲地进来：“怎么了 MEIMEI，有什么不服气的？我要是告诉你月月她小姨每年给咱们公司 500 万的生意……”然后打着哈欠走了。

下午，李琶给王海莹送来一个新的文件夹，一个劲儿向王海莹道歉，她说她得罪不起月月，那是老总眼里的红人，也不敢得罪小红，因为她有广泛的社会关系，不少部门都得请她帮忙呢，况且人家每年都能拿回一两个政府大单。王海莹说：“那你就得罪我呗。”李琶吓得连连摆手：“不敢不敢，在这里我谁也得罪不起呀。”

王海莹听了，半天说不出话来。

其实稍动脑筋王海莹就会明白：老板不是傻瓜，绝不会平白无故地让人白领工资，那些看似游手好闲的平庸同事，说不定担当着救火队员的光荣任务，关键时刻，老板还需要他们往前冲呢。所以，千万别和他们过不去，实际上你也得罪不起。

3. 背后议论非成功人士所为

比尔·盖茨告诫他的员工：“不要在背后议论领导。”工作头几年，你会逐渐体会到，“金科玉律”之所以为“金科玉律”，就是大家都明白但是没有人遵守。何况在这个“八卦”盛行的年代，办公室里的话题已经绝非家长里短那么简单。

这种现象非常普遍，凡是有职场的地方，总会有一些人利用各种形式千方百计去打探或传播各种小道消息。如此一来，只要你拉长耳朵，闲言碎语就会狂灌进来。

有时，你可能不小心成为“放话”的人；有时，你也可能成为别人议论的对象。这些闲言碎语，有的是通过唧唧喳喳的“搞笑”公开完成的；有的是通过两个人的耳语来完成的。其中最可怕的是后者——耳语。在这种“耳语”里，大多有着不可“见人”的意味。比如领导喜欢谁，谁最吃得开，谁跟谁又有一腿，谁又有新闻、绯闻，等等。

背后议论人最恶劣之处是不确定性的猜想和猜想的不确定性，只是在两个人的幻觉中姑且为确定而已。殊不知这种耳语此时此两人，彼时又变成彼两人，就这么“耳”来“耳”去，便“耳”出是非来了。你说这种背后议论人是不是办公室“嘴忌”的重雷区？

工作头几年，要避开这个重雷区，一定要控制好自己的嘴，要坚决奉行左耳进、右耳出的原则，切不可受其传染，或插言或添油加醋或充当传话筒，尤其不可加入个人意见性评论，防止以讹传讹。选择一个错误的对象传播不可靠的消息，就等于自己给自己挖掘陷阱。

自我炫耀没多少能量，却能吹出海量，这已经成了目前一些职场中普遍存在的现象。我们姑且称其为自我炫耀。自我炫耀者其初衷无非是为了提高自己的“回头率”。他们自知天资有限，但又担心身边的同事忘了自己的存在，做一点事情得不到领导的承认，因此他们不是想着如何从实干精神上加把努力，而是光长“嘴功”不长技能，夸大其词地在同事面前吹嘘自己的知识能力、关系网、成就、设想等。

这些还不算闯了“嘴忌”大雷区，真正闯“嘴忌”雷区的当属鼓吹自己在原来单位的“光辉历程”，比如“我在原来公司工作得更顺利”，比如“我以前请病假都不被扣钱”等，虽然这些或许是事实，但在办公室里这么一炫耀，给他人造成的消极影响是不可估量的，况且你也会因为犯了难以饶恕的“嘴忌”，而永远得不到老板的提拔和信任，成功之路遥不可及。

第五节 以和为贵，善于化解矛盾

和谐有利于社会的进步，在职场中也不例外，和谐的职场环境能够促进企业与员工的共同发展。但这并不是说职场中不应该有矛盾，因为如果能够合理地化解矛盾，接受他人的批评，得饶人处且饶人，那么可以说，你就是职场中的胜利者了。

1. 是助手非随从

在职场中，有时处理好矛盾能显示价值。这好比战场上的将军，只有战争才能给他们带来荣耀。如果你能够替领导斡旋，解决矛盾，你就有能进入领导圈子的核心层，成为领导真正可以信赖和托付重任的人。

一次，张西时把写好的工作报告送给一位领导看。这位领导是上级派来挂职锻炼的，人很和善。他看完张西时的报告后，把张西时叫到办公室，指着其中的一段话说："这个地方写得是不是过于严厉了。在公文里面，对问题一般都是点到为止。像你这个写法，恐怕容易引起各级干部的反感。我觉得不是太好，你是不是改一改?"

张西时怯怯地说："这段话，是老总亲自加上去的，并不是我写的。"这位领导听后，呵呵一笑，让张西时把自己的意见反馈给老总，请他再斟酌一下。张西时迟疑了一会儿，勉强说了句好吧，就离开他的办公室。当天下午，张西时鼓起勇气去了老总那里，老总沉默了一会，点头同意了。说实在的，张西时当时真的很害怕因为修改报告而惹其中一位领导不高兴。

第二天，张西时把这个情况汇报给让张西时改报告的领导。他笑眯眯地说："你还年轻，有些事要慢慢学。那天我让你去找老总，你好像很怵头，这不应该啊！你知道吗？身在职场，不要害怕矛盾。比如那天我让你改报告，如果老总不同意改，我又坚持要改，你怎么办？你是不是觉得如果碰到这样的情况会很痛苦?"

张西时使劲地点点头，说：“那当然，领导意见不统一，我们最不好办了，不知道往哪走了。”

领导又笑了笑，接着说：“其实不必害怕。不但不要害怕，反而要感到高兴。”看到张西时诧异的表情，他接着说：“有矛盾你才会更有价值。如果领导之间没有矛盾，事事和谐，那你在他们的眼里，只是一个听话的下属。而如果领导之间有了矛盾，也就有了他们无法处理的事，这相当于给了你机会，一个展示自己智慧和能力的机会。还拿改报告的事例来说，我要你改，老总坚持不同意改，这等于我们之间起了矛盾。但对于这个矛盾，我们之间不可能面对面地协商。不协商，又暗自较劲儿，怎么办呢？就会把矛盾集中到你的身上。这个时候，你改也不是，不改也不是。改了，老总不高兴。不改，我不高兴。但事实上，我和老总并不是有意针对你，我们之间的矛盾其实也并不真在这几句话的改与不改上，而可能是其他事情引起的，改报告只不过是个导火索。我们都在坚持，其实是在试探对方的底线。这个时候，你是帮助我们解决这个问题的最佳人选。处理得好，双方都会很满意。”

协调好矛盾关键是要找到正确的方法。协调领导的矛盾，不能直来直去，就事论事。因为矛盾的双方都信任你，有时会主动暴露思想深处的东西，这就很利于把握问题的症结，找到解决的办法。现在职场中有不少人，害怕矛盾，极力地躲避矛盾，企图游离于领导的矛盾之外而营造自己的一片天地，其实是做不好的。不能在斡旋中体现自身价值的人，不会被真正地器重。

工作头几年，只是一味地忠诚于领导，被动地服从指挥、听从安排，充其量只是一个随从，而不是得力助手。

2. 在批评中收获

英国学者利斯特曾说过：“我能想象到的人的最高尚行为，除了传播真理外，就是公开放弃错误。”是的，错误并不可怕，批评也不可怕，关键在于你怎样去认识它们、对待它们。从错误中吸取教训，从批评中汲取营养，这样，你就会逐步走向成熟，走向成功。

工作头几年，都免不了会碰到受领导批评的情况，但大可不必为此忧心忡忡，拼命地反省自己，实际上，领导批评或训斥部下，有时是发现了问题促进部下改正；有时是出于一种调整关系的需要，告诉受批语者不要太自以为是，或把事情看得太简单；有时是为了显示自己的威信和尊严，与部下保持或拉开一定的距离；有时“杀一儆百”、“杀鸡儆猴”，不该受批评的人受批评，其实还有一层“代人受过”的意思……搞清楚了上级为什么批评你，把握情况，你才能从容应付。

受到上级批评时，最需要表现出诚恳的态度，即从批语中确实接受了什么，学到了什么。最让上级恼火的，就是他的话被你当成了“耳旁风”。如果你对批语置若罔闻，我行我素，这种效果也许比当面顶撞更糟。因为，你的眼里没有领导。

对批评不要不服气和牢骚满腹。批评有批评的道理，错误的批评也有其可接受的出发点。更何况，有些聪明的下级善于“利用”批评。也就是说，受批评才能了解上级，接受批评才能体现对上级的尊重。你处理得好，反而会成为有利因素。当领导认为你“批评不起”、“批评不得”时，也就产生了相伴随的印象——认为你“用不起”、“提拔不得”。

受到批评时，最忌当面顶撞。当面顶撞是最不明智的做法。既然是公开场合，你下不了台，反过来也会使领导下不了台。其实，如果在领导一怒之下而发其威风时，你给了他面子，这本身就埋下了伏笔，设下了转机。你能坦然大度地接受其批语，他会在潜意识中产生歉疚之情，或感激之情。

受到上级批评时，反复纠缠、争辩，希望弄个一清二楚，这是很没有必要的。确有冤情，确有误解怎么办？可找一两次机会表白一下，点到为止。即使领导没有为你“平反昭雪”，也完全用不着纠缠不休。这种斤斤计较型的部下，是很让领导头疼的。如果你的目的仅仅是为了不受批评，当然可以“寸土必争”、“寸理不让”。可是，一个把领导搞得精疲力竭的人，又谈何晋升呢？

3. 有理更要饶人

有理不饶人的事，多发生于平民百姓之间，在气头上双方更是寸土不让，所谓“人争一口气，佛争一炉香”是也。坊间人言，这年头人皆曰功利，得饶人处且饶人的事，怕已成了“出土文物”。但在职场生存中，有理也要饶人是潜规则。

在一个大的局里，机关工作人员有80多人，男男女女，年龄大的有50多岁接近退休，年龄小的20来岁刚刚参加工作，性格不一、爱好兴趣有异，且人多嘴杂，稍微不注意，就有可能把关系弄僵，对工作不利。因此在与同事、领导交往时，应该掌握一定的方式方法。小王并不是圆滑之徒，但为了自己在局里站稳脚跟，不得不根据不同的人，采取不同的“方法”交往。

七个局领导，书记是军转干部，为人直爽、快言快语、直来直去，在他面前你想说什么就说什么，绝对不要在他面前吹捧他，否则“拍马屁拍在马蹄上”，适得其反。

局长恰恰相反，他喜欢干部职工们当面说他领导有方、工作能力强，把全局工作领导得有声有色，当面顶撞那就等着“小鞋”穿吧。

还有几个副职，有的喜欢玩牌，和他玩牌时绝对不要赢他的钱，输一点给他，让他高兴，他会把你当“心腹”。

有的喜欢唱歌跳舞，时常邀请他去歌舞厅，保管他会成为你的“哥们”。

在同事当中，有的同事任劳任怨、工作认真，和他交往只要说工作上的事，如果他遇到难办的事时，就出手协助他一下，他会感激不尽；有的喜欢吹牛，和他在一起只要天南地北胡吹乱侃，保你和他关系密切；有的喜欢得点小便宜，隔一段日子给他一包烟、请他喝一次酒，或者送一点小礼品，他一定把你当朋友看待；有的不喜欢多讲话，性格内向，和他交往时，不要妨碍他的工作，不和他说多余的废话，保管相安无事。

海洋之所以能够汇纳百川，正是因为它能够以博爱之心去包容、去拥抱一切。职场中人与人之间的关系复杂，只要不与自己的利益发生冲突，不要做事“得寸进尺”，不留余地。“得饶人处且饶人”，还得明白“知人知面不知心”，要“为人且说三分话，不可全抛一片心”。当然原则上的问题不能让步的绝不让步，该强硬的时候自己的态度必须强硬，否则别人就会认为你就是一个懦弱的人，会被领导和同事们看不起的。

工作头几年，得饶人处且饶人，留有余地。也许你表面上取得了胜利，但最终会因缺乏容人的气度和雅量而被人厌弃。“事事留有余地”，造物不能忘我，鬼神不能损我。若业求满，功必求盈者，不生内变，必召外忧。

第六节　抓住瞬间，规划人生关口

机遇对每个人来说不都是一样的，只有有准备的人才能抓住机遇，但有准备的人不都能遇到机遇，尤其那些极好的机遇，就跟人的出身不同一样也是可遇而不可求的。但每个人总有一些机遇，如果不准备就永远抓不住，尽管你准备了不一定就能抓住或者根本就遇不到特别好的机遇，但谁又能肯定自己一辈子没有好的机遇呢？工作头几年要一直去努力。

1. 成功扮演每一个角色都是规划的胜利

莎士比亚曾经说过：“好花盛开，就该尽先摘，慎莫待美景难再，否则一瞬间，它就要凋零萎谢，落在尘埃。”这句话的意思就是启迪人们在最关键的时刻能够抓住机遇，规划好你的新角色。

阿曼波尔的姐姐报名参加了一个新闻培训班，可是才两个月时间她就再也不想接触新闻了。阿曼波尔觉得姐姐这样是一种浪费，便独自一人跑到学校去，试图讨回姐姐所交的那些学费。可是意外的是，校方不肯退还学费。阿曼波尔心想：交了学费却不来学习，太不划算了。于是，她便代替姐姐去上了这个新闻培训班。

后来，阿曼波尔成了世界上著名的女记者，成功后的她说：“说起来这就像一次盲目的约会演变成了一场真正的恋爱，完全是一个意外。”

的确，如果没有了那一次意外，也许这个世界上就少了一个著名的女记者。她的成功是因为她及时抓住了命运在她前进的道路上给她的那个机遇，而后钻进去，拼命努力，最终获得了成功。其实有时我们很多人已经离成功很近了，只有一步之遥，可是却没有抓住机会。

甲是某合资公司的白领，总是觉得自己怀才不遇，经常想：如果有一天能见到总裁，有机会展示一下自己的才干就好了。

甲的同事乙，也有同样的想法，但他更进一步，去打探总裁上下班的时间，算好总裁大概在什么时候进电梯，希望在同坐电梯时与总裁打个招呼。

他们的同事丙又更进一步，他详细了解总裁的奋斗历程，弄清了总裁毕业的学校、处世风格、关心的问题，精心设计了几句简明扼要却有分量的开场白，在算好的时间去坐电梯，跟总裁打过招呼后，终于有一天跟总裁长谈了一次，不久就争取到了更好的职位。

有才能，还要善于抓住展示才能的机遇，在更大的舞台上体现人生价值。职场中的甲和乙，均是在口头上说说而已，并没有付诸行动，即使遇到了总裁，因为没有精心的准备，也难以给总裁留下深刻的印象；而丙却不同，他不仅掌握了总裁工作经历资料，还对总裁的喜好都详细地了解了。有共同语言，才便于和总裁沟通；留下了好印象，才会有后面的长谈，以及再后面的更好的职位。

卢梭说过：“谁成了哪一行的尖子，谁就能走运。因此，不管哪一行，我只要成了尖子，就一定会走运，机会自然会到来，而机会一来，我凭着本领就能一帆风顺。”机遇只垂青有准备的人，工作头几年，你实践了吗？

2. 顺利渡过每一道关口都是规划的硕果

“世事的起伏本来就是波浪式的，人们要是能够乘着高潮勇往直前，一定可以功成名就；要是不能把握时机，就要终生蹉跎，一事无成。我们现在正在涨潮的海上漂浮，倘不能顺水行舟，我们的事业就会一败涂地。”莎士比亚说。

与选男女朋友一样的道理，选工作也很难一次性成功。尽管我们并不提倡频繁跳槽，但适时改变方向还是很有必要的，就像“Alt + F4”，关闭当前项目。对很多职场人来说“做生不如做熟”的求职观念根深蒂固。熟悉的环境固然是好，但很多时候，刚工作没几年的你容易成为现实版的“温水中的青蛙”——被温和的表象麻痹了自己，最终丧失自我和机会。

职场里面，每个人或多或少都会有遇到机遇需要作抉择的时候。有些决定做得好，人们就平步青云，从此踏上顺境。但有些决定做得不好，却会落入陷阱，甚至永世难以翻身。

学中文专业出身的刘霞经过两次跳槽后现在担任某著名品牌市场总监。她的第一份工作是在一家国企办公室，任宣传干事。这对口的工作对于刚毕业的她非常合适，而且这份工作还是她父亲托了很多关系才搞定的。在那段日子里，她尽量发挥自己的写作特长，勤奋努力，参与策划了公司的一系列宣传活动，年年受到表彰奖励。然而，她的顶头上司才40多岁，在论资排辈的国企，她知道根本就没有任何晋升的机会。

工作3年后，她不顾父亲的强烈反对，跳槽到了一家规模不大的广告公司。在这里她得到了很多锻炼机会。没过多久，她就升任策划部主任。这是一个让她如鱼得水的职位，而且薪酬也算不错。但过了几年，她又开始感觉到这里的天地不够广阔。总经理虽然对她很赏识，但是在升迁的问题上还是存在性别偏见。于是，当3年前一家著名的跨国公司向她发出邀请时，刘霞又毫不犹豫地跳了槽。

她曾读过一本美国的畅销书——《打碎玻璃天花板》。书中形象地描述了女性在工作晋升问题上遇到的难题：先有一层竹幕挡着，继而是一层铁幕，然后还有一层看不见的却的的确确存在着的玻璃天花板。刘霞认为自己不断地跳槽，也许就是为了“打碎玻璃天花板”。

她的很多朋友和同学都羡慕她，说她“三级跳”，找到了一个“金饭碗”。而刘霞最大的感受是，只有不断提高自己的能力水平，挖掘自己多方面的潜质，随时准备着，这样才能不断地抓住机会。

讲这个故事不是让你遇到一点点挫折就用跳槽的方式来逃避，而是提醒你，注意审视你的工作环境，明确自己的职业规划，如果它们互相违背的程度很大，那么果断地在关口作出抉择绝对是比将就着过要来得好。

3. 每一个拐角都有规划的希望

人生有很多选择，人生路上也不乏十字路口。在到达拐角处之前，如果你有所规划，并且十分正确，你进入的可能是天堂，到处充满希望。

有一个人在森林中漫游的时候，突然遇见了一只饥饿的老虎，老虎大吼一声就扑了上来。他立刻用生平最大的力气和最快的速度逃开，但是老虎紧追不舍，他一直跑一直跑一直跑，最后被老虎逼入了断崖边上。站在悬崖边上，他想：“与其被老虎捉到，活活被咬、肢解，还不如跳入悬崖，说不定还有一线生机。”他纵身跳入悬崖，非常幸运地卡在一棵树上，那是长在断崖边的梅树，树上结满了梅子。

正在庆幸的时候，他听到断崖深处传来巨大的吼声，往崖底望去，原来有一只凶猛的狮子正抬头看着他，狮子的声音使他心颤，但转念一想：“狮子与老虎是相同的猛兽，被什么吃掉，都是一样的。”

当他一放下心，又听见了一阵声音，仔细一看，一黑一白的两只老鼠，正用力地咬着梅树的树干。他先是一阵惊慌，立刻又放心了，他想：“被老鼠咬断树干跌死，总比被狮子咬好。”

情绪平复下来后，他感到肚子有点饿，看到梅子长得正好，就采了一些吃起来。他觉得一辈子从没吃过那么好吃的梅子，找到一个三角形的枝丫休息，他想着：“既然迟早都要死，不如在死前好好睡上一觉吧！”

他在树上沉沉地睡去了。睡醒之后，他发现黑白老鼠不见了，老虎、狮子也不见了。他顺着树枝，小心翼翼地攀上悬崖，终于脱离险境。

原来就在他睡着的时候，饥饿的老虎按捺不住，终于大吼一声，跳下悬崖。黑白老鼠听到老虎的吼声，惊慌逃走了。跳下悬崖的老虎与崖下的狮子展开激烈的打斗，双双负伤逃走了。

工作头几年，困惑就像饥饿的老虎一直追赶着我们；痛苦就像一头凶猛的狮子，一直在悬崖的尽头等待；迷茫就像黑白老鼠，不停地正用力咬着我们。既然知道了职场中最坏的情景是被埋没，唯一的路，就是尽情地享受工作中的乐趣，在休息中明确自己的方向，在规划的拐角处不再迷茫。

第七节 学会说“不”，规划立足之道

工作头几年，你要知道，虽然上级都不会拒绝动听的话，甚至是拍马屁的话，但是这并不意味着，他喜欢在工作中从不说“不”的人。在上级面前学会说“不”，可以让你享受到更多的理解和尊重。但是，说“不”时要使自己的话中听、不得罪人，就必须有所规划。

1. 同上司需要巧于说“不”

那些只会一味地取悦上级，而不会对上级说“不”的人，以为不说“不”就可以让上级领导喜欢和高兴。工作头几年，要知道，绝大多数上级并不喜欢从来不会说“不”的人，更不喜欢逆来顺受的人。在上级面前学会说“不”，可以让你获得更多的理解和尊重。更重要的是，你可以获得“独立感”，对于你摆正从业心态有很大帮助。

张薇已经应聘到这家公司3个月整了，人力资源部通知张薇和小王说下午老板要请吃饭。她明白，这是老板最后拍板决定在小王和自己两个人中哪一个会被留下来做经理助理。论资历，张薇当然要比小王强，张薇手上有发表在大大小小报刊的文章好几十篇；论人际关系，公司上下就属张薇人缘好，而小王竟然冒失鬼一样和两名同事红过脸，更不可原谅的是他竟然固执地坚持自己的观点和女老板争吵，弄得老板很生气。

人力资源部经理向张薇透露过，老板很赏识张薇，说张薇有才干，协调能力强。下午的宴会就是正式决定让张薇做经理助理的时候了。

吃饭的时候，张薇被安排坐在老板的左手位置，小王坐在她的右手位置。女老板是个左撇子，她的高脚酒杯总是放到左侧，以至于影响张薇伸筷子夹菜，只好就近搛点菜吃，弄得最后只吃了个半饱，但让张薇高兴的是，老板兴致很高，把张薇和小王两个都表扬了一下，并且特别表扬了张薇凭一支妙笔，为公司写的软文在报纸上刊登后影响颇大，是难得的人才。人力资源部

经理向张薇暗做庆贺的动作，张薇心领神会。

要知道，正式做经理助理这个职位，月薪将是3500元，另外晋升机会更多。就目前状况来看，张薇是稳操胜券了。

第二天一早张薇就奔公司而去。人力资源部经理通知张薇去交接工作，然后到财务结算工资。小王正式做了经理助理。

张薇大吃一惊，赶忙问人力资源部经理问题出在哪里。他说："经理对你的能力评价很高，本来打算让你做助理职位的，可昨天下午的酒宴让她改变了主意。她故意把高脚酒杯往你那里放，妨碍你吃菜，你竟然不大胆提出这个问题来，而是逆来顺受，最终肯定没有吃好吧！她觉得你缺乏大胆革新的精神。另外，她还说了一句话——选择最好的并不一定是最好的选择。"

本来很好的升迁机会就这样丧失掉了，想想都可惜。细分析其原因，竟然是简单的一个"不"字。看来，在应该说"不"的时候还是要说"不"。

人们常说，要注意搞好人际关系，尤其是上下级关系。可是如何搞好上下级关系其实有很多原则和技巧，一味地顺从、盲从并不见得能搞好上下级关系。如上述故事所说主人公，论工作能力、论才干、论人品都不错，本来都已经确定的事情，可是就因为在一次午餐中一味地委曲求全、避让，本来很轻松就可以说出来的"不"没有说出口，结果反倒让上级以为她是逆来顺受的性格，结果失掉了一次很好的晋升机会。

2. 说了"不"又不得罪人

工作头几年，你应该清楚，一方面，上司作为管理者，每天要应对和处理很多的事务，他们用来学习的时间都是百忙中抽出来的，所以从某种程度上来说，上司在某个方面的专业精通程度是不如下属的。

另一方面，对于下属来说，虽然执行是天职，但在面对领导有不符合国家法律规定或者行业规则的决策的时候，你还是要敢于说出自己的观点，敢于说"不"，要把法律的规定或者行业的规则耐心地委婉地讲给上司听，让他知道自己的决策是不妥当的，他自然也就会取消自己所作的决策了。

人力资源部的石月嫣遇到过类似的事情。当时公司有一部分员工眼看合同就要到期，当时她提出要及时和他们续签劳动合同。但是当她请示做业务出身的总经理的时候，他说快到年底了，业务这么忙，年终考核也没开始，就暂时不要续签吧，以免造成员工的不稳定。

一晃到了第二年 1 月底，业务忙得也差不多了，考核也结束了，她再次提出要续签合同。但总经理提出要对两个考核基本合格的员工“缓签”合同，语气很坚决，不容置疑。

她当时一愣，刚想说“不行”，可想到总经理的脾气，知道正面反驳他肯定是没有用的，于是婉转地说：“我明白您的意思，您缓签的目的在于警告他们要好好努力，这是很有用的办法，可是在《劳动法》中并没有‘缓签’这个词，何况他们已经有 2 个月的事实劳动关系了，要不这样吧，我们和他们签一个 3 个月的短期劳动合同，这样同样可以起到作用的，您看合适吗?”

总经理瞪着眼睛看着她，她继续说：“如果在接下来的一个月的时间内，他们的表现仍旧不能让您满意，那我们就可以合同到期，顺理成章地辞退他们。这样既符合《劳动法》的规定，员工也没有什么可抱怨的。”

看着总经理低头思考的样子，她知道自己赢了，她没有说一个“不”字，就改变了他的决定。

当然，你在提出建议的同时立场一定要对，那就是要站在公司的立场上去看问题。

前段时间石月嫣进行保险基数申报，总经理问她有没有好的办法少申报基数，减少公司的人力成本支出，她当然不能说不行，只好给他解释说：“我理解您的想法，可是如果我们那样做了，被劳动监察大队检查到，我们不但要补缴所有的保险，还很可能要被罚款呢，再说我们如实申报，对员工也是个很大的激励呀，这对公司的发展，稳定人心是有帮助的。”

总经理听后便打消了这个念头，再也没提起过。

工作头几年，学会委婉地拒绝，对上司动之以情，晓之以理，再固执的上司也会被感化，考虑你的建议的。

3. “背黑锅”是一门学问

现代职场风云变幻，真真假假，假假真真。有时候你被老板赞扬，千万不要得意忘形；有时候你被老板冤枉，也千万不要颓废沮丧。人在职场，身不由己，有些莫名其妙的委屈得默默忍受，哪怕是“黑锅”也得好好背着。

李咏和代莉杰同时进入一家公司上班，都经常为主管背黑锅，可是李咏越背越受重用，而代莉杰越背越被主管和同事排斥。代莉杰越来越沮丧，就找主管询问原因，主管告诉他，因为他背黑锅后喜欢四处吐苦水，让同事都感染上不良的情绪，大大影响了工作。代莉杰听后马上改正，也渐渐受到了主管的重用。

背黑锅是一门学问，不是该不该背、适不适合背，背就一定好或者就一定不好，而是看清楚这其中隐藏着多大的利害关系。背黑锅要看自己在什么职位和层级。低层、资历浅的员工没有背黑锅的筹码。如果必要的话，应尽量避免挺身而出揽责任。如果被迫背黑锅，也只有哑巴吃黄连了。

被指定背黑锅的原因通常有两种，分别显示你在职场中两极化的处境。一种是老板钦点背黑锅，他把你当心腹，放心让你承担，只要你承担下来，他将会很器重你。如果是这种情况，代表你成功获得老板的信任。另一种情形恰恰相反，如果被指派背黑锅，却没有被信任的感觉，表示老板把你排斥在外，才会借机牺牲你。这时，一定要多跟主管沟通，如果主管还是坚持要你背黑锅，自己要检讨，通常是沟通出了问题。

办公室里没有秘密，其实黑锅一背下去，全公司都会知道是你背的。短期而言，背黑锅是职场生涯的阻力，但长期来讲，在名誉上、实质上，并不会有太大的影响，毕竟日久见人心，有背黑锅的度量，反而会让人对你青睐有加，这未尝不是另一种助力。我们不可能总是遇到很相合的老板，也不可能改变老板、改变公司，但可以改变自己对公司、主管的看法。

倘若老板一而再、再而三地要求你背黑锅，可能你和老板之间的鸿沟已太深，最好考虑换工作了。只是偶尔发生的话，还是尽量以主管的想法为准，学习当主管的左右手，不然，未来你不会得到最重要的任务，也不会得到晋升的机会。

工作头几年，还是要从基本面评估自己是否有被“利用”的价值，如果没有，你早晚都会离开公司，背不背黑锅只是“技术面”的问题。背黑锅只是一时，而让自己成为让人愿意共同合作、有被利用价值的员工，才是工作生涯中最重要的事。

第八节　端正态度，正确看待错误

在我们熟知的成功企业家中，有很多人都有过决策失误的经历，但他们告诉广大媒体“从未失败过”。之所以会这样，就是因为他们已经从过去的错误经历中吸取了教训，成为更出色的企业家了。他们所应付的正是那些“从未发生在他们身上的”错误。

1. 正确面对你所犯的错误

莎士比亚在《一报还一报》中写道：“最好的好人，都是犯过错误的过来人；一个人往往因为有一点小小的缺点，将来会变得更好。”

有些人从不驻足回顾自己的错误。虽然检讨他人的错误能给我们提供一些普遍性的教训，但回顾自己的错误最为重要。这是因为这么做不仅能避免重犯错误，同时也可以治好旧伤，而这些旧伤有可能阻碍我们进行新的尝试。

犯错误不要紧，它是大多数人取得成功的要素。犯错误不是目标，正确面对错误是一门需要努力学习的功课。

作了错误的决定会让你感到自己愚不可及，但如果你像美国著名歌星芭芭拉的发现者萨姆那样聪明，情况就会有所不同。当问起萨姆成功的要诀是什么时，他说：“正确的决策。”然后再问他怎么才能作出正确的决策时，他回答道：“经验。”接下来当然要问他是如何获得经验的，他回答是：“错误的决策。”

曾任美国花花公子国际企业集团的首席行政总监克里斯蒂·海夫纳最初认为：“错误是件可怕的事情。”由于她聪明机敏、学得快，很快就被提升到这家由她父亲创办的公司的最高管理层。

该公司当时正在挣扎求生之中。克里斯蒂别无选择：如果她和花花公子想成功，就必须重建公司的中枢神经系统。公司当时已经形成了一种运作体制，而体制不易改变。此外，克里斯蒂所做的任何改变都会被看做是对她父亲的批评。而最糟糕的是，错误会毁坏她辛辛苦苦塑造起来的形象。

尽管如此，克里斯蒂还是关闭了一些传统的利润中心，开辟了新的领域。她要带领花花公子披荆斩棘，奔向她为公司设计的光明前景中。这就意味着必须从新的角度看待错误，承认错误经历并“不那么可怕”，并把它们看做能帮助她完善将来的决策的教训。

困难会导致错误，但困难本身并不等于错误。即便是那些不承认有过错误的企业家，也能研究自己在成功道路上遇到的困难，以便下次正确对待它们。

工作头几年，面对错误时，你必须客观、冷静，甚至冷酷。必须实事求是地看待错误以及错误形成的原因。在进行下一步工作之前，为了不致被打断，最好早早做完总结。

2. 不认错，只会错上加错

“是我一时疏忽，不过幸好……”既然犯了错误就要承认。工作头几年，犯错误在所难免，所以勇于承认自己的过失很重要，推卸责任只会使你错上加错。

陈雷在一家工厂任技术员，经过几年的实践锻炼，在老同志的帮助下取得了一定的成绩，并且被提拔成车间副主任，负责车间的生产技术工作。

有一次，车间的生产线发生了一些问题，产品质量也受到了影响。他看过之后，便立即断言是原料的配比不合适，认为在投放新的一家企业提供的原材料后，原有的配比必须改变。但调整之后，情况仍不见好转。

此时，另一位技术人员提出了不同的见解，认为问题并不在于使用了新的原料或原料配比不合适，而在于设备本身。

对此，陈雷从内心觉得技术员的看法很合理，但是，他觉得自己是负责全车间技术与工艺的领导，如今自己的判断出现了失误，就必须承担一定的责任。

为了避免承担责任，他一方面继续坚持自己的看法，另一方面也安排专人对设备进行必要的维修和调整。但是由于贻误了时机，问题最终还是爆发了，给公司造成了巨大损失。陈雷在羞愧之中提出辞职。

有很多人好高骛远，不能踏踏实实地工作，工作中出现一些小问题也不愿深究。他们的观点是：如果我所犯的错误性质十分严重，我一定会承认的；如果是芝麻大的一点小错，那么再较真，难免有点小题大做，依我看根本没有这个必要。如果你也是这样看待错误的，那就大错特错了。工作无小事，更无小错，1%的错误往往就会带来100%的失败。

面对所犯错误的最佳对策便是勇敢承担责任。对待失误的态度从某种程度上可以说是一个人的敬业精神和道德品行的体现。是自己的责任就要全力承担，一定不能推卸，要诚恳地承认错误，并积极地寻求补救的办法。如果不是由于自己的过失造成的，也不要急于替自己辩白，应首先着眼于公司的利益，等事情得到了妥善处理，事情的真相自然会浮出水面。如果你确实被误会了，你的同事和上司也会在事实中看到，还你一个清白。你一定要相信，只有敢于承担责任的人，才有可能做成大事。

赢家不怕犯错，只怕因为怕犯错而不敢承担责任。有的人成功了，只因为他们敢于承担责任并吸取教训。工作头几年，遇到问题不要畏惧，要勇敢地去面对，只有抱有这种想法的人才不会永远与失败相伴。

3. 自己犯的错误自己负责

法国有句俗语："如果所犯错误被纠正了，那么曾是错误的道路就变成导致真理之途。"

工作头几年，没有哪个人可以保证不犯一点错误，甚至有些人还一错再错。既然错误是无法避免的，那么可怕的不是错误本身，而是错上加错、不敢承担责任。

人非圣贤，孰能无过，知错能改，善莫大焉。发现错误的时候，不要采取消极的逃避态度，而是应该想一想自己应怎样做才能最大限度地弥补过错。只要你能以正确的态度对待它，勇于承担责任，错误不仅不会成为你发展的障碍，反而会成为你向前的推动器，促使你不断地、更快地成长。

任何事情都有它的两面性，错误也不例外，关键就在于你从什么样的角度去看待它，以怎样的态度去处理它。

李鹏是某化工厂的财务人员。一天，他在做工资表时，给一个请病假的员工定了个全薪，忘了扣除其请假那几天的工资。于是李鹏找到这名员工，告诉他下个月要把多给的钱扣除。但是这名员工说自己手头正紧，请求分期扣除，但这么做的话，李鹏就必须得请示老板。

李鹏清楚老板知道这件事后一定会非常不高兴的，但他认为这混乱的局面都是因自己造成的，他必须负起这个责任，于是他决定去老板那儿认错。

当李鹏走进老板的办公室，告诉他自己犯的错误后，没想到老板竟然说这不是他的责任，而是人事部门的错误。李鹏强调这是他的错误，老板又指责这是会计部门的疏忽。当李鹏再次认错时，老板看着李鹏说："好样的，你能在做错事情的时候主动承认，不推到别人的身上，这种勇气和决心很好。好了，现在你去把这个问题解决掉吧。"事情就这样解决了。从那以后，老板更加器重李鹏了。

如果为了顾全面子，不敢承担责任的话，那最后吃亏的只能是你自己。假如你犯了错且知道免不了要承担责任，抢先一步承认自己的错误，不失为最好的方法。自己谴责自己总比让别人骂好受得多。如果勇于承认错误，并把责备自己的话说出来，十有八九会得到"宽大处理"。

作为一个普通人，在办事过程中难免会犯一些错误。虽然有些人认识到了自己的错误，但没有勇气承认，或把犯错的理由归结于别的因素。只有极少数人能够站出来，勇敢地坦白，在他们看来承认错误就意味着要受到责罚，却不知道领导则认为沉默和狡辩的托辞意味着逃避责任。

第九节　管理有道，保持积极友好

你与员工、同事聚会，参加公司的一些庆祝活动等，大家都难免要同坐在一个酒桌上，吃吃喝喝。这时，领导幽默活泼一点，活跃酒桌的气氛是必要的，但在酒桌上更有一些必须遵循的礼仪。又活泼，又守礼，才能使场面又热闹，又有序，使活动获得圆满成功。这样可大大加强管理者与他人之间的联系，更能提升他在众人心目中的形象地位。

1. 树立稳健的领导形象

已经离世的香港著名企业家，恒生银行创办人之一的何善衡认为，人与人之间接触形成的第一印象源于外表而不是内心。假如给人的第一印象不好，又怎能获得别人的敬仰和接近他人的机会？

工作头几年，你因为表现杰出，而被提拔为领导。俗话说："新官上任三把火。"在新的职位上，一旦明确了新的职业角色，就要把注意力放在自我形象的塑造上。

作为管理者，你的家最好与公司距离较远。虽然每天上班还要来回坐车，但却可以有效地把公事、私事分开。管理者在与自己的亲戚朋友之间进行私人往来时，留给他们的个人地址，应该是家庭住址，而不是办公室地址，留给他们的电话号码也应是家中的而不是办公室的。这样你那些亲朋好友在找你时，可直接找到你家中。

家丑不可外扬，不可把过多的私人关系带进办公室。管理者的一些重要的私人关系，不宜向员工、同事透露。如果管理者的亲人、朋友过多地出入你的办公室，也会造成公司高层人物对你的不信任。

你还应保管好自己的私人物品。往往你的一些私人小用品也向他人传达了一定的信息。你细心的员工们不仅会根据和你来往的人，也会根据你的日常用品来判断你的行为。

因此管理者要管理好自己的物品，个人物件最好不要带到办公室来，带到办公室来的必需品要用心保管好。比如一些药品、私人信件、书籍等。

你的一些私人活动，也以安排得远离公司为宜，这样可以防患于未然。比如你请别人到饭店吃饭，席间要谈一些重要事情，如果不巧碰上你的下属，可能会感到很尴尬。如果员工知趣，他可能跟你打过招呼先行告退；或许他装作没有看见你，那也许是真的，但他一旦看见你，就一定会着意于你的举动，这时你可以对一些事情避而不谈。

另外，洗浴、美容等个人活动，也以远离公司为妙，以免与公司熟人发生“撞车”。

以上所述，并不是说要管理者与员工在下班后不接触，只不过是说，世界是复杂的，管理者要保护自己的隐私，维护自己的外在形象罢了。

你在办公室里自然要与员工打交道，在办公室之外，管理者当然还要与员工、同事或上一层领导有所往来，虽然这时候的交往气氛往往比较轻松，不再同于办公室的严肃庄重，但管理者在这时的人际交往更需富有技巧性，既与员工、同事接近，打成一片，又不要随随便便，让人把自己“一览无余”，否则，你就没有威信可言了。

2. 最不可藐视的是下属

无论一个领导是否拥有杰出的才能，要想成为一位合格的领导，都必须得到下属的大力支持。一个聪明的领导者始终都会把“人的因素”看做是影响他飞黄腾达的关键，并绝对深谙“水可载舟，亦可覆舟”的道理。

有一则故事这样写道：

有一天，老虎遇见一只牛虻：“不要在我眼皮底下打扰我觅食，否则我要吃掉你。”

“只要你够得着就来吃啊。”牛虻嘲笑老虎，并且爬在老虎鼻子上吸血。老虎恼怒地驱赶牛虻，牛虻又引来同伙群起而攻之，没过多久，老虎便奄奄一息。

现在从一个企业小员工的角度来看看故事的寓意。

“老虎”似乎是威严、权利、绝对的代名词，就好像企业的领导，普通员工就好像数目众多的牛虻。

作为老虎，理当有它做虎的尊严。它有指挥的能力，它有管理的天分。

一个称职的领导，也总能很好地掌控他手下的员工，而不是使员工抱怨。他要使企业获得良好效益的同时，不断地为员工谋福利。这样，在效益与利益双进步的局面下，员工自然坚定不移地拥护他的领导。美好的心态创造美好的事业。

这样的兴荣，有朝一日终成衰败，难道仅仅是市场不景气导致的吗？非也，“变质”的可能是九只好“老虎”后的第十只坏“老虎”。这只坏“老虎”，可能徇私、受贿，可能贪赃、枉法，可能缺乏管理能力，眼高手低，傲气加狂妄。总之，是一只堕落而没有威严的“老虎”。

这样的“老虎”却还想吃“牛虻”，必然会激起“牛虻”的不满和反抗，最后“老虎”奄奄一息。

对于“老虎”而言，“牛虻”是渺小的，但它们却不可忽视，聚少成多的力量是坚不可摧的。自古以来都有“柔弱胜刚”的理论。自古帝王，不乏被风光地拥护上台，被狼狈地驱赶下台的。

工作头几年，不想让自己刚刚晋升的职位不稳，就要学会不漠视和怠慢下属，更不要和下属发生正面冲突，试着去挖掘下属的潜力和优势，在不久后的一天，也许就在明天，你将得到加倍的回报。

3. 对上支持，对下关照

网络论坛上有一个词很流行——顶，就是当别人发表了好的看法想法时，你应该给他“灌灌水”，“顶”一把，这是一种支持的表现。在职场，“顶”也很重要，不管我们的位置是上司还是下属，工作头几年，你必须履行“顶”的职责：支持上司，关照下属。

惠普大中华区前总裁孙振耀先生撰文畅谈职业生涯，其中谈到“跟对人”时列出了“优秀领导”的三个标准：一是心胸宽广；二是能站在下属的角度考虑问题；三是勇于承担责任。如果有第四个标准，那就是：能够也愿意“传帮带”。孙先生给出的优秀领导的标准很客观，这样的“优秀领导”是一个名副其实的支持下属的领导。

作为下属，职场中的你也可以依据经验和感受总结出作为“优秀下属”的四个标准：一也是心胸宽广，不在背后谈对方的负面消息；二是能站在上司的角度考虑问题，不要老是越权汇报工作；三是勇于承担责任，不要出了问题老是推卸给同事或者上司，如果上下级都是勇于承担责任的人，那么这种关系将是肝胆相照的上下级关系；四是为自己也为上司做好业绩，回报上司的栽培，并且懂得感恩。

作为职场新人，下属对上司的支持与推崇，在不同场合的隆重介绍尤为重要。同样，工作头几年，上司对下属的关照和推介更为重要。这是一个相互的工作，双方都做好了才能实现管理有道。

上级调了一个比较优秀的业务员给一个区域经理，然而他却多次抱怨："这个业务员缺乏K超市系统的操作经验，争取不到该系统的资源。"经过上级了解得知，该业务员到他的区域之后，他作为区域经理，连最基本的"传帮带"工作都没有做，就把该业务员往市场上扔。

可能从区域经理的角度考虑，他会认为："门店的经理等人员不是很好接触吗？我一去事情就解决了，为什么他就开展不了工作了？这不是能力问题吗？"可是，作为区域经理，由于职位较高，开展起工作来较容易，而普通业务员由于职位低，开展工作总是困难重重，所以这种时候上司对下属的关照至关重要！

职场中，你要想收获，必须要先付出，不要总指望别人对你支持，而自己却不支持别人，一个老是喜欢越权汇报的下属，迟早不是被架空就是被炒掉；同样的，一个老是喜欢插手下属工作的领导，也很难得到下属的拥护，从而很难做出优秀的业绩。我们必须明白：很多时候，我们同时扮演了上司和下属的角色，要推己及人做到"己所不欲，勿施于人"。

第四章

给自己定位，找到自己要走的路

< < <——工作头几年，必须知道自己要什么

或许，你正满面春风，站在成功的制高点上——鲜花满眼，众星拱月。无上的荣誉、华贵的桂冠、闪亮的光环毫不吝啬地抛给你，令你目眩神迷。但是，请别忘了，“一切都会过去”，一时的成功并不代表什么。成功了，欲望没有静止，想要的东西太多太多，先要什么呢?

第一节　抛开旧荣耀，铸造新辉煌

“好汉不提当年勇，智者莫念昔日功。”在过去的辉煌里强化现在的失落，不但是愚蠢的表现而且是无知的做法，年轻的你不要只惦念着昔日的荣耀，而是要做真正的智者，放眼远处的辉煌，走好现在以及将来的路。

1. 宁可服输也不要沉醉于“想当年”

中国有句古话，叫做“好汉不提当年勇”。为什么好汉不提当年勇呢？因为若是真的好汉，他还会不断创造出新的功绩，所以用不着搬弄当年的勇来为自己脸上贴金。

几十年前，一个刚刚毕业的大学生每次和他的朋友聊天，在10分钟之内，必然会有意无意地提到他家一位声名显赫的亲属。当然，他会说得很谦虚、很节制，但一定会提到因为这位亲戚才有了他风光的工作。在“巨人”的帮助下，他工作顺利，获得了人生的第一桶金。

但是，再鲜艳的花朵也要凋谢，长江总是后浪推前浪。或许是因为跟不上时代脚步，或许是因为经营不善，或许是因为遭遇恶性竞争，他的工作不再一帆风顺。

几十年过去了，朋友重逢，在前10分钟内，他没有提到这位亲属和他的光辉的事业，但嘴里总是以“想当年”打开话匣子。日子就这样在“想当年”的感叹中过着，直到二次创业。虽然往日的风光不再，但是他懂技术，又是自己当老板，这个选择对他来讲是最合适不过的了。

半年后，朋友再次相聚，他的那句口头禅没有了，历经沧桑的脸上洋溢着一种对事业充满自信的光芒。他终于从那位光芒四射的亲属给他提供工作的影子中走了出来。

他说了一句话：“人可以不服老，但不能不服输，失败了就是失败了，忘掉它，重新来过，总有一天我还能成功一回！”

世界上几乎没有什么是恒久不变的。一切都会过去，昔日的辉煌也会化作烟尘。

在雅典奥运会男子110米栏的比赛中，21岁的刘翔以12″91的成绩打破了该项目的奥运会纪录，并追平了保持了十多年的世界纪录，中国跨栏“飞人”刘翔在雅典奥运会上的出色表现，荣膺素有“体育奥斯卡奖”之称的劳伦斯奖。

刘翔在颁奖典礼前已经知道了结果，但由于近期训练、比赛安排得非常满，在葡萄牙，劳伦斯颁奖晚会热热闹闹上演之时，刘翔无法前往参加颁奖活动。

对于这个意料之中的喜讯，刘翔没有表现出太多的惊喜。他在北京，从中国劳伦斯冠军委员会主席邓亚萍的手中，接过了这一沉甸甸的奖杯。

面对殊荣，刘翔很淡然：“获奖，不过是对过去成绩的肯定。但现在，我更看重未来。”

2. 潇洒地倒空过去，一切从头再来

诗人海子曾说过：“从此再不提过去，痛苦或幸福，生不带来，死不带去”。

懂得成功之道的人会以淡然的态度对待新的开始，让自己保持冷静，从而使自己的杯子“空”下来。

郭为是联想的元老之一，也是联想一个业务公司——神州数码的总裁。

联想控股有限公司副董事长兼总裁柳传志把郭为的成功经验总结为“哭着喊着要学习”。只要有任何学习和锻炼的机会，他都会积极把握。

2000年，联想集团进行改革，将原有的事业部人员一分为二，一部分人进入原来的老联想，另一部分人参与新开辟出来的业务——神州数码。

柳传志把老联想的业务交由杨元庆去做，而将新开辟的神州数码交给了郭为。

由于当时联想在消费者心中已颇有地位，如果在神州数码前加上“联想”两个字，无疑会给工作带来很大的便利。

但这样一来，就无法达到通过分析，避免品牌产生混淆的目的。一番讨论之后大家决定不在神州数码前面加“联想”两个字。

这意味着郭为又面临再一次归零，去掉联想的光环重新开始。

要接受这样的事实并不容易，因为郭为对联想倾注了太多的感情：“联想集团”这四个字是他在1989年11月跑下来的；“人类失去联想，世界将会怎样”的广告词也是郭为率领的团队一起想出来的……而现在，突然要他抛开联想，从头来过，一时难以接受也是可以理解的。

郭为最终还是下决心抛掉联想的光环，重新开始。他不仅自己归零，还去做员工的工作，让他们也学会归零。

不就是抛掉联想的光环吗？没什么大不了的。他说服了别人，也再一次倒空了自己。

现在的神州数码，在郭为和整个团队的努力下，已经成为可以和联想并驾齐驱的大品牌。

在职场上，你难免也会面临和郭为一样的选择：在单位的需求和大局面前，必须告别过去的“辉煌”，甚至是辛辛苦苦打下的“江山”，从一个新的领域、新的地方重新开始。

也许你正遭受重挫，身陷逆境：或是学业失意，或是情场失恋，或是商场失败，或是官场失落。胜者为王，败者寇，失意者难免遭受讥讽、白眼。面对冷遇，甚至是欺辱，心灰意冷。但是，请记住，“一切从头再来”。

尽管这需要很大的勇气，但同时也蕴涵着很大的机会。良好的空杯思维是年轻人工作头几年面对人生和职场时不可或缺的心理武器。对于一个真正优秀的人来说，能从这里挑起大梁和重担，那么到了别的地方，即使从零开始，同样也能创造更大辉煌，挑起更大的重担。

3. 昨天已经过去，不如把握好今天

人有时候有点成绩容易骄傲，所以要时常给自己膨胀的思想“减减肥”。若想“思想减肥”肯定有难度，那不仅是“缩衣节食”的过程，还要忍苦受痛，摒弃许多东西。

人世间的事物犹如江河中的流水那样，每时每刻都在发生着各种变化。然而，有许多现代人仍然不知道把握今天，不珍惜展现在眼前的珍贵机缘，却又忧心自己的未来将会如何如何。时间并不能像金钱一样让人们随意储存起来，以备不时之需，人们所能使用的只有被给予的那一瞬间，也就是今天和现在。

陈道明曾经说过：“过去的优秀不代表今天的优秀，你要学会放弃过去，寻找今天的优秀，而今天的优秀又很可能从形式到内容整个跟过去的都完完全全不一样，你如果还抱着过去的优秀不放，那你只能失败。演员也别把自己太当回事，否则就容易出毛病，自己对自己太认真就会自以为是。”

初入职场的年轻人，不应总沉浸于昨天的成功与失败之中，也不应总生活在对明天的观望和憧憬中，而应面对现实，全力走好今天生活中的每一步。

常言说得好：“春种秋收，种瓜得瓜、种豆得豆，祸福无门、为人自招。”做人，最重要的是学会辨别人世间的真善美与假恶丑。只有时时种下善缘的种子，并用辛勤劳动的汗水去浇灌和呵护，才能踏实地生活在美好的期望之中——永远快乐幸福。诚然，生命中有顺境也有逆境、有成功也有失败；顺境是我们渴望的，但逆境也是我们拒绝不了的；成功是我们期盼的，而失败也是无法避免的。为此，我们要正视过去，面对现实。在总结昨天成功与失败的经验教训中，把握好今天，努力奋斗拼搏，以愉悦的心情和良好的心态，走好现实生活中的每一步。

人生是现场直播，没有彩排。我们不能改变昨天，也不能完全预知明天，只有我们认认真真地把握好今天，才能不遗憾、不后悔，永远与快乐和幸福为伴。

第二节　保障生存权，谋求发展权

中国的父母是“无尽无休地养着”孩子，不惜花很多钱给孩子上好幼儿园、好小学、好中学、好大学，毕业了托关系、走后门找工作，之后为孩子买房子、娶媳妇、带孩子。在这样的家庭环境中，大学生在学校里根本就没有也不可能有生存危机，这同时也造成年轻人依赖性过强，迟迟不能自立。年轻人，看看父母两鬓的银发，步入社会的你是不是该考虑生存了？

1. 与其“啃老”不如找工作

“唉，现在工作太难找了！”

“就这种单位，就这种待遇，我才不去呢。”

“不管怎样，我就这样了。我就不信找不到！”

像这种或忧虑或自信的“气话”出现在很多招聘会上，就这样，“一直无业，二老啃光，三餐饱食，四肢无力，五官端正，六亲不认，七分任性，八方逍遥，九（久）坐不动，十分无用”的“啃老族”生活状态被生动地刻画出来。

“傍老族”与“啃老族”的出现，与家庭教育有关。在西方，孩子成人后，不管家庭背景如何都要自立；而在中国，父母觉得自己一生的努力就是为了孩子，中国的父母通常会尽全力让孩子成年后可以过上不错的生活，包括结婚、买房、养育下一代等，他们觉得这是一种责任。父母的这种观念，同样影响到子女，让年轻人以为接受父母的支援，是理所当然的。

“傍老族”与“啃老族”的出现，还与大环境有关。有专家分析说，“傍老族”、“啃老族”绝大部分是独生子女，从小就是“小皇帝”，适应环境的能力较弱，而在以升学为取向的应试教育中，他们又没有得到专门的职业技能训练，在就业市场中没有什么优势可言，再加上社会整体上严峻的就业形势，他们的就业机会越来越少。”

此外，随着社会的发展变化，包括消费观念在内的一些东西也在发生变化，今天的住房等生活消费费用，并不是所有刚出校门的青年短时间所能承担的，这在客观上促使他们“傍老”与“啃老”。

“傍老族”与“啃老族”就如一壶没烧开的水，当家庭教育和学校教育之“柴”有缺陷，自身素质之“柴”又缺乏时，这壶水如何才能烧开呢？与其让父母养活，不如自己转变观念。

大学生不但要学习打工者具备一定的技能，而且要学习他们的创业精神和健康心态。如果读了几年书就穿起孔乙己的长衫而高不成低不就，纯粹是自找没趣儿。

先生存、后发展就是在找工作时，先解决生存问题，在保证生存的基础上再考虑这一岗位是否适合自己，是否符合自己的兴趣，自己能否得到提高，将来发展前景如何等问题。

找工作不要一步到位，要敢于跳槽。多跳几次又何妨？年轻人就应该好好折腾折腾。市场是最好的试金石，经过一番折腾，你就会明白市场需要什么，你应该干什么。

2. 餐厅也能成就周杰伦

说起周杰伦，年轻人恐怕对他再熟悉不过了。周杰伦在音乐上的成就和在影视方面所展现的才华无不显示着他的才能。然而在耀眼的光环笼罩他之前，他同所有的年轻人一样，都要先学会在社会中生存。周杰伦的首份工作是在餐厅当服务生。

1996年6月，高中毕业后的周杰伦应聘到一家餐馆做了一个服务生。

与别的服务生不同的是他非常酷爱音乐。每次发了工资，他就往音乐超市里跑，几乎把所有的钱都花在买磁带上。

餐厅服务生的工作不是周杰伦的最终选择，他酷爱的是音乐，并有自己偏爱的音乐风格，他的生活应该是和音乐相伴的。

平常工作的时候，周杰伦喜欢把单放机带在身边，没事就听听音乐。有一次，心情不错的周杰伦双手托着一盘菜，边走边听歌，不小心竟与一位女服务员撞了个满怀，整盘热菜都泼在女服务员身上，女服务员的手被烫出了水泡，痛得大哭。餐厅经理闻声赶来，除了狠狠批评周杰伦一顿外，还毫不客气地扣了他2000元新台币的工资，而当时他的月工资才4000元新台币，这个月，他不再有钱买磁带了。

为了提高餐厅的品位，老板想到一个主意，买了架钢琴想给顾客奏乐助兴，可请了好几位钢琴师，都因不合老板口味而被炒了鱿鱼。一天下班后，手痒的周杰伦趁老板不在，用那架崭新的钢琴演奏了一首他自己刚刚创作的歌曲，同事们听了颇为吃惊：这个不爱讲话的大男孩竟然还会弹钢琴，而且还弹得这么好！

马上有多事者跑去告诉了老板，老板当即叫来周杰伦，让他当着自己的面又演奏了一曲，喜出望外之下，老板当场拍板请周杰伦当琴师，以后他每天的工作就是在大厅里弹奏自己创作的乐曲。

随着客人越来越多，生意越来越红火，精明的老板又想到了新招，他找来当地的电视台，说自己店里的服务员不仅会弹钢琴，而且还能写歌曲。借助电视台的炒作，不仅餐厅的知名度提高了，而且还节省了一大笔请钢琴师的开销，老板的餐厅也和周杰伦一样开始小有名气。

在吴宗宪的鼎力帮助下，经过大半年的精心制作，周杰伦的第一张专辑——《Jay》制作出来了。2001年初，《Jay》的销量很好，在当年的流行音乐大评选过程中，周杰伦的《Jay》就以另辟蹊径的曲风、天马行空的想象力以及对RAP、R&B两大流行元素的成功驾驭一举夺得最佳流行音乐演唱专辑、最佳制作人和最佳作曲人三项大奖。

不可否认，吴宗宪是发现周杰伦音乐才能的伯乐，但是，如果周杰伦没有对音乐痴狂的喜爱，没有将音乐创作进行到底、纳入自己的工作生活中的热情，或许他还是一名普通的服务生。正是周杰伦知道自己想要的是音乐、想做的是音乐，才成就了自己。

工作头几年，年轻人必须要有独立生存的能力和行动，更要有为自己的发展而不懈奋斗的毅力。

3. 小沈阳为饭唱二人转

2009年的“春晚”小沈阳火了，《不差钱》的视频点击率超过千万。小沈阳的博客也在短暂的十几天中点击量突破了500万大关。有媒体为小沈阳算过一笔账，春晚之后的小沈阳身价值1个亿。

当“郎旋风”也开始讲解《小沈阳背后的经济学因素》，而小沈阳全国演笑会也已成为2009年中国娱乐产业最成功的买卖时，小沈阳现象就不单单是一个文化现象，更是一个经济现象。

小沈阳能有今天的成就，远超出很多人包括赵本山的预料。他父亲曾经说过，当初让小沈阳学二人转就是希望他以后有口饭吃，有个职业，走出大山。

小沈阳真名叫沈鹤，于1981年出生于辽宁省开原市一个贫苦的农民家庭，正值人民公社的大锅饭“将黄没黄的时候”。小沈阳七八岁就开始为下地干活的爸爸、妈妈、哥哥炒菜做饭，最拿手的菜是炒土豆片，能用很少的油把土豆片炸起泡儿来。

由于家境贫寒，小沈阳和哥哥小时候上学连学费都交不起，就别说像别的小朋友那样吃根冰棍了。他读了五年半的书就辍学在家。

父母商量着让他跟着自己学二人转，但他却想学武术，但因武校的学费一年要3000元之多，父母犹豫之后，最终把10多亩地租了出去，凑了学费把他送到盘锦武校。在当年的全校比武大会上，小沈阳拿了一等奖，但家里生活一直压力很大，小沈阳想早点挣钱养家，因此悄然退学了。小沈阳少年时代的第一个梦破灭了。

但又正如小沈阳父亲沈洪久所说：“我们家的孩子都能吃苦，我们是农村人，没有能耐，就是能吃苦，能忍耐。”艰苦的家庭条件并没有阻挡小沈阳对艺术的向往，反而成了他受益终身的财富。上学期间他就积极参加学校、县里组织的各项文艺活动，老师常表扬他有超众的艺术天分。

高中毕业后，他进入铁岭县艺术团学习二人转表演。在铁岭县艺术团期间，他积极地参加下乡演出活动，在田间地头与观众面对面地交流，使他深刻地感受到老百姓对二人转的喜爱。

后来，小沈阳又到了吉林市，初来乍到，身上没钱了，就在火车站附近的录像厅过夜，两块钱就能睡个通宵，那时候小沈阳经常几天洗不上一次脸，饥一顿饱一顿。“老板给你钱就给你，不给你工资的时候有时候还揍你。”记者采访小沈阳时，他这样诉说了当时的处境。后经人介绍他进入了吉林林越艺术团。

人的一生总是一步步踏实地走来的。小沈阳在解决生存问题之后，开始了人生的大迈步。扎实的基本功、诙谐的表演方式使其深受观众的欢迎和好评，观众的认可无疑是小沈阳最大的动力，促使他以更高的艺术标准来要求自己。2001年，他参加第一届“本山杯”二人转大赛获得了铜奖，对于一个学习二人转只有四年的新人来说，这个奖项是对他多年来的付出的一个肯定。

2006年的中秋节，他正式成为赵本山的弟子，开始系统地学习二人转。经过老师的悉心指导和自身的刻苦努力，他在艺术的道路上有了质的飞跃，辽宁民间艺术团的广阔平台也给了他充分展示自己的机会。

小沈阳学习二人转的初衷无非是为了生存，但随着他在艺术舞台上的成长，他对自己的要求又上了一个新的阶梯。工作头几年，年轻人要像小沈阳一样，为了生存应该付出必要的努力，在社会上磨炼自己，开拓自己的视野，为自己的未来确定更高的可行目标。

第三节　实现专业化，追求职业化

工作头几年，你会发现，工作的专业化将大学中你的专业知识和技术更细分化了。步入职场，你需要在大学专业的基础之上，深入地学习和掌握某一种专业技术，使工作更加专业化。但是你如果想在职场中胜出，仅仅做到专业化是不够的，职场更需要职业化。职业化更多地体现在你的职业综合素质方面。

1. 在细节中体现职业化

工作专业化程度关系到一个人工作任务范围的宽窄、所需技能的多少。工作专业化程度越高，所包含工作任务的范围就越窄、重复性就越强。大学的学习都专业化了，职场更需要职业化。

一位管理学大师曾经说过，现代职场的竞争，就是细节的竞争。细节影响品质，细节体现品位，细节显示差异，细节决定成败。在这个讲求精细化的时代，细节往往能反映职业水准。

例如同事接电话的时候，作为一个文秘出身的年轻人可以默默地坐在一边“旁听”，细心地揣摩其如何同客户交谈，有时则悄悄地给同事递一支笔，或续上水，或记录一些数据。这些细微之处，既给同事带来了工作上的便利，也表现出对“前辈”的尊重，上司看在眼里，也会产生好感，这就是你专业化的表现。

看不到细节，或者不把细节当回事的人，对工作缺乏认真的态度，对事情只能是敷衍了事。而考虑到细节、注重细节的人，不仅认真对待工作，将小事做细，而且注重在细节中找机会，从而使自己的工作更为职业化。

密斯·凡·德罗是20世纪世界四位最伟大的建筑师之一，在被要求用一句最概括的话来描述他在专业领域成功的秘诀时，他只说了五个字“魔鬼在细节”。他反复强调的是，不管你的建筑设计方案如何恢弘大气，如果对细节的把握不到位，就不能称为一件好作品。细节的准确、生动可以成就一件伟大的作品，对细节的疏忽会毁坏一个宏伟的规划。

叶志浩是一家食品公司的老板，他从一个农民成长为一个企业家，只不过经历了短短的5年时间。无论是在工作中还是在生活中，他都非常注重细节。

随着公司业务量的扩大，营销部需要增加5名员工，而招聘入围的则有10人。谁去谁留，叶志浩对10名应聘者说："晚上请你们在餐馆吃饭，对应聘上的人来说算是欢迎宴，对没有应聘上的人来说就算是送别宴。"

叶志浩点了满满一桌子菜，这10位应聘者的吃相均不同，真可谓是众生百态。叶志浩把10位应聘者在餐桌上的表现尽收眼底。

第二天早上，叶志浩就把5名应聘合格的人员的名单公布出来了。有位落选的应聘者很不服气地质问叶志浩："老板，我看大家条件都差不多，你对我们又再没进行过考试，你凭什么把我筛掉？"

"怎么没考试？昨天晚上我请你们吃饭时，就对你们每个人都一一进行了特殊的测试。我选人的原则很简单，全凭细节说话。那些在餐桌上吃相文雅，不挑挑拣拣，不掉饭粒，知道照顾别人的人，我相信他们会成为我们公司的好员工。"

这位落选者想起自己昨晚在饭桌上的表现，脸马上红了起来，但又立即为自己辩解道："这都是些生活细节，怎么能用它来检验一个人能否胜任工作呢？"

叶志浩看着他，反问道："生活的细节，加起来不就是人生吗？我想一个在饭桌上只顾自己的人，在工作中是不会首先想到别人的。这样一个营销人员，又怎么会用自己的真诚去跟别人沟通呢？"

老子曰："天下大事必作于细，天下难事必作于易。"在我们的工作中，不是每天都有惊天动地的伟业要去做，也不是每天都有超越竞争对手的绝招让我们去学习。决定成败的，往往就是一两个职业化的细节。

2. 职业化帮你更好地完成工作

简单地讲，职业化就是工作的标准化、规范化、制度化，即在合适的时间、合适的地点，用合适的方式，说合适的话、做合适的事，使员工在知识、技能、观念、思维、态度、心理上符合职业规范和标准。具体讲职业化包括：

职业化素养、职业化行为规范和职业化技能三部分内容。

曾经某媒体上报道过这样一条新闻：

北京一家医院在同一天为两个患不同病症的儿童做手术。两个儿童做手术时间只相差十几分钟，当时医院里可以用的只有一辆手推车。负责把病人推进手术台的护士懒得奔跑两趟，便把两个患儿放在同一辆车上。当护士把两个儿童推进手术室后也未核对患儿病史信息，就随意把两人放到两个不同的手术台上。结果，要施扁桃体肥大摘除术的患儿失去了胆囊，另一位喉管正常的儿童却留下了咽部残疾。

这是一种明显的非常不负责任、非职业化的表现。

喜欢足球的朋友都知道，精彩的足球比赛需要很优秀的职业球员。因为优秀的职业球员不仅表现出良好的竞技水平，而且会展现出其优秀的人格品质。

在比赛中，一名职业球员不仅能高水平地打好比赛，更能理智、冷静地处理场上的一些变化与突发事件，并表现得非常职业化。作为球迷，你可以顿足捶胸，可以大声叫喊以排遣你的愤怒，而对于球员，比赛当中任何形式的过激还击都不能解决问题。

在工作中，同样需要每位参与者具有优秀的职业化素养。这里的职业化并不简单指某个人工作的熟练程度，而是包含了更多较深层次的东西。

首先就是要有职业精神。

职业精神体现在日常的工作中。有人在雨天对公共汽车停车的方式作过观察，在一个有 3 米宽积水的路边车站，有 8 个司机把车停在距候车乘客 1.8 米左右的地方，这个位置，乘客一般无法一步上车，大部分人要涉水上车，还有 4 名司机快速驾车驶进站台，用溅起的泥水与乘客“打招呼”，只有 2 名司机将车停在乘客抬脚即可登车的地方。

停在标准的位置，让乘客安全方便地登车，这一点在技术上对哪个专业司机都不难，但因为标准化操作水平的不同，为乘客着想的服务态度的差别，工作的结果就完全不同。

其次是要拥有高尚的职业道德。

人类常常用食物和鞭子来驯化某些动物完成某项工作，如拉车或表演，如果动物不拉车则用鞭子赶，如果野兽不表演则用食物加以诱导。人类则不同，每个人都有着自己的思想，并存在着各种各样的思想意识，所以一个员工是否能够保质保量完成自己的工作，完全取决于他们的职业道德。从某种意义上说，企业稳定的发展和产品优良的质量都直接与企业每个员工高尚的职业道德相联系。

初入职场的年轻人应该把职业精神和职业道德体现在工作的细节中。很多应聘者或在职员工之所以失去了工作机会，正是因为其在某个细节上的非职业化行为，或是某一方面的非职业化习惯导致的。

3. 职业化是你该走的路

一个人是否职业化，不仅关系到自己的发展，而且事关职场竞争中个人品牌的树立和核心价值的实现。

郭为，神州数码控股有限公司董事会主席兼首席执行官，是一个让自己逐步职业化从而走向成功的人。

1990—1991 年任联想集团业务二部总经理。

1991—1992 年任联想集团助理总裁兼业务二部总经理。

1994—1996 年任联想集团大亚湾工业投资公司总经理。

1996—1997 年任香港联想集团副总经理。

1997—2000 年任联想集团执行董事、高级副总裁、联想科技发展公司总经理。

2000—2001 年任联想神州数码有限公司总裁。

2001—2007 年任神州数码控股有限公司董事会副主席兼总裁。

2008 年至今任神州数码控股有限公司董事会主席兼首席执行官。

定义郭为是一件困难的事。公关经理、财务经理、企划经理、集团办主任，职务截然不同，但郭为在每个职位上都做得挺精彩。整顿分公司，接手大亚湾工业园区，领军联想科技，每一仗都是硬仗，每一仗郭为都打得挺漂亮。但可圈可点之处多了，反而让人不知重点该去圈点什么。

在漫漫几十年的职业生涯中，郭为的成功自然离不开多种多样的手段、方式、方法，但最关键的是他不断提高自己的职业化程度。

许多企业为了锤炼领军人物，会刻意地安排有培养前途的年轻人去尝试不同的岗位，让他熟悉整个组织的情况，以便日后统揽全局，但郭为不属于这种情况。他所接管的部门要么以前没有，需要他去创立；要么是出了问题，需要他去整顿。郭为凭借自己的敬业精神、勤奋努力去迎接一次次的挑战。

郭为在联想做的第一件事是参加策划、实施在人民大会堂召开的联想进军海外誓师大会。1988 年在人民大会堂开会，一定要有国家领导人参加才行。于是，郭为就去请这些人，跟记者沟通，谈联想的观点，和柳传志商讨“大院大所办公司”的提法和它的核心内容。

那次会开得很成功，会后，柳传志觉得郭为和方方面面的人打交道的本事很强，就对郭为说：“你干脆当公关部经理吧。”工作一个月就当经理，而且，当时郭为还差几个月才能从科学院研究生院毕业，这样的开局应该让人振奋，但郭为打心眼里不太愿意做宣传工作。

郭为学的是管理，他骨子里想从事管理工作，但柳传志对他说，做任何事情都是对做管理能力的锻炼，而且，公司现在缺一个公关经理。于是郭为奉命接受任务之后，恶补公关相关知识，从企业利益的角度出发，调整自己的心态，做好一名公关经理。

在联想，郭为一步步被职业化，被刷成“联想色”然后融入了联想，也从中收获良多。

职业化是一个逐渐认识自我的过程。相信绝大部分人，包括郭为，也是一步步不断地领悟、总结，最终实现从专业化到职业化的飞跃的。刚工作没几年的你如果还没让自己职业化，不用担心，从现在开始吧，相信职业化将为你的成长创造更多的机会和更大的空间。

第四节 拥有小雪花，还需滚雪球

工作头几年，你的成就犹如天空中飘着的几片雪花，这样你就停止脚步，不再进取了吗？成功需要坚持与积累，需要不断更新你前面的路线，为什么要专注地搜集有限的雪花，不走向省下力气去滚雪球的道路呢？你要知道，散落的雪花，在适当的温度下终会融化，而实体的雪球才能长久。

1. 阿里巴巴是水泥

诚如巴菲特在自传《滚雪球》中所说，人生就像滚雪球，最重要的是发现很湿的雪和很长的坡。雪是需要季节的，坡是需要人脉的。在合适的季节里编织最广阔的人脉，才会有人生的财脉。

追逐梦想、成就人生又何尝不是一次滚雪球呢？初入职场的年轻人不妨看看马云是如何滚雪球的。

一张棱角分明的脸庞，一派特立独行的做事风格，一副两肋插刀、不计回报的古道热肠，以“光明顶”命名公司会议室，与金庸密切交往，聚集互联网英雄人物“西湖论剑”。他就是马云，中国电子商务网站的开拓者，阿里巴巴网站创始人兼 CEO。

马云，于 1988 年在杭州师范学院（现杭州师范大学）英语专业毕业，此后任教于杭州电子工业学院（现杭州电子科技大学）。

1995 年，在出访美国时首次接触到因特网，西班牙《国家报》生动地描述了马云当时的心情：“我甚至害怕触摸电脑的按键。我当时想：谁知道这玩意儿多少钱呢？我要是把它弄坏了就赔了。”

对马云有触动的是，在搜索引擎上输入单词“啤酒”，结果只找到了美国和德国的品牌。当时他就想应该利用互联网使中国的公司为世界所熟悉。

就这样，作为“杭州十大杰出青年教师”之一的马云辞了职，给自己的人生重新定位，选择了互联网这条路。他借了 2000 美元，开办了“中国黄页”，这是中国第一批网络公司之一。1997年底，马云和他的团队在北京开发了外经贸部官方站点、网上中国商品交易市场等一系列政府站点。

拥有小雪花般财富的马云于1999年初决定放弃在北京的生意，他拒绝了雅虎、新浪的高薪邀请，决定回到杭州创办一家能为全世界中小企业服务的电子商务站点——阿里巴巴网站。从此，他开始了自己滚雪球的职业生涯。

目前，阿里巴巴是全球最大的B2B网站之一。阿里巴巴网站的成功，使马云多次获邀到全球著名高等学府讲学，当中包括宾夕法尼亚大学的沃顿商学院、麻省理工大学、哈佛大学等。

马云是中国大陆第一位登上美国权威财经杂志《福布斯》封面的企业家；2002年5月，成为日本最大财经杂志《日经》的封面人物；《日经》杂志高度评价阿里巴巴在中日贸易领域里的贡献，说阿里巴巴已达到收支平衡，成为整个互联网世界的骄傲。

狂人马云所领导的阿里巴巴网站就是这样一个雪球——从1999年以50万元人民币创业到2005年，阿里巴巴成功地以一家并未上市公司40%的股权为代价，换来10亿美元以及雅虎中国全部资产。这一“奇迹”的出现很大程度上是因为他们提前进入了相应的市场，并且通过滚雪球效应，用呈几何级数增长的速度将市场抢先蚕食掉了。

阿里巴巴所实行的是一种比较积极的“圈地”方式，也就是通过提供免费服务来滚雪球。它的赢利模式是通过大规模吸收会员实现“人头经济”。从最初寥寥无几的从事电子商务的企业开始滚起，马云的雪球越滚越大，目前国内绝大多数开展电子商务的企业都成了阿里巴巴的客户，其服务的中国企业会员已超过了350万。

“阿里巴巴是水泥，把大量的中小企业黏在一起，就具备了和大企业抗衡的实力。”马云这样解释他的“滚雪球”理念。

马云别出心裁地滚雪球还体现在他选择了新旧媒体的融合，颠覆了新进入的媒体领域，把加法变成了乘法。

如果有1.4亿人都去同一个商场购物，人够不够多？淘宝现在就像这样一个大商场，顾客以亿级单位计算，但是显然马云认为人数还远远不够。

他选择打通互联网和其他媒体之间的隔断，不论新旧，全部整合。为买家和卖家构建更紧密的联系，形成一个更大的消费网络。

马云出手很快。先是和浙江日报报业集团合资成立淘宝天下传媒有限公司，推出时尚类周刊《淘宝天下》。

时隔不久，他又与湖南卫视合作，成立湖南快乐淘宝文化传播有限公司，拟筹备电视购物节目以及拍摄和网购相关的影视剧。

而最近，淘宝和手机厂商合作的自有品牌手机即将上市，植入了淘宝网最新版的手机客户端程序“随身购”、“淘掌柜”、“数字商城”、“移动支付宝”和“移动旺旺”。此外，还有专门针对普通买家开发的手机。据称在2009年，淘宝就已签下合作合同共800万部手机，2010年预计将达到4000万部。

2. 将实力进行到底

在古代，挑选小公牛到竞技场格斗有一定的程序。它们被带进场地，向手持长矛的斗牛士发起攻击，裁判以它受戮后再向斗牛士进攻的次数来评断这只公牛的勇敢程度。坚持不懈，直到成功，这就是小公牛将实力进行到底的倔犟。

工作头几年，年轻人切忌浮躁，把握住自己的现有财富，耐心地经营升级版的大财富才是成功。

她魅力四射，甜美的笑容曾出现在知名财经刊物封面上，照片的下面有行文字：我的成功没有秘诀，只不过比别人多了点耐心！

她14岁时，因家境贫寒而辍学，在湖南益阳一个名叫衡龙桥的小镇上卖茶水。置张小桌，烧一大壶茶水，然后倒在杯子里，一毛钱一杯。她人小，摊位也小。有时，一天卖出去几杯，本钱都挣不回来。

不甘心的她没有撤走。她把杯子换成比别人的大一号的，并且每只杯子上盖一块方方正正的小玻璃片遮挡灰尘。顾客觉得她的茶水卫生，而且喝得过瘾，光顾她摊子的人多了起来。

她17岁时，原来的同行大多嫌卖茶收入低又烦琐而另谋出路了，但她认为可以做得更好。那时，口渴的人都买矿泉水了，与时俱进的她把摊点搬到了益阳城里卖当地传统的风味擂茶。初来乍到，生意冷清，于是，她使用比旁人“胖”了一圈的碗，又别出心裁地配制出多种不同口味的擂茶，她的小生意又做得比别人红火也就不足为怪了。

20岁的她仍坚持在卖茶，不过卖的地点改在了长沙的小店面。这时已经进入品茶时代，她在店中央摆着根雕茶几，当客人进门，她必耐心地泡上热乎乎的茶请人免费品尝。她还在店的一侧设了个卫生间，凡是过往行人都能免费如厕，放松后还能喝上一杯她亲手泡的香气浓郁的茶水。客人尽情享受之后，出门时或多或少会掏钱拎上一两包茶叶。对不买茶叶的客人，她也一样热情恭敬。客人和茶商慢慢地都喜欢到她店里来。而且，她培养了一批品茶人。

她的耐性让她拥有了越来越多的顾客和越来越多的朋友。通过朋友的介绍，她开始在其他城市开茶庄分店，还是一样的经营模式，请人免费品茶，培养品茶人，然后茶叶一包一包地卖出去。

24 岁时，她已经卖了 10 年的茶水。国内许多大中城市，已经有了她开的茶庄，她成功了！

现在她在全国拥有 40 余家茶庄，遍布长沙、西安、深圳、上海等地，她还把茶庄开到了中国香港和新加坡。福建安溪、浙江杭州的茶商们一提起她的名字，无不竖起大拇指。

能否获得成功不只取决于你有多高智商，或继承了多少遗产。真正的成功，应该是耐性与实力共同创造的。实力总是在经验中逐步体现的，不知初入职场的年轻人是否有把一份工作坚持干 20 年之久的耐性，并在此过程中增强自己的实力？

3. 专注螺旋式跳槽

滚雪球除了要有耐性，还要有正确的方向。成功者之所以比别人更成功，就是因为他们早已为自己量身定做了职业生涯规划，并不断地进行矫正，坚定不移地走下去。

确定了自己的行业和专业领域后，接下来的事情应该分几步走。首先，努力掌握这个行业的知识，然后，用最短的时间了解这个专业和行业更为具体的各个子方向，在实际行动中再认识自己。比如，选择了计算机行业，应该尽量地尝试软件、硬件、网络、娱乐、媒体等计算机行业不同方向的工作，如果选择软件，则分 Web、系统、项目、ERP、CRM、数据库、嵌入式等，在工种上又分开发、测试、技术支持、流程管理、项目管理、系统架构、售前、售后等环节。这种在同一个职业或同一个行业内，不断地向前递进，如同螺旋一样的跳槽方式，就属于螺旋式的跳槽。

长期从事一项工作是单调的，但在一个行业中，从事相关工作并做得出色是需要时间累积的，是需要有抱负的人长时间甚至一生去奋斗的。在这个过程中，迷茫的摸索可能是很难避免的。能够及时得到前人的指点可能会是一个捷径，征求前人的建议可以起到参考的作用，快速尝试或许也是好的办法。人与人不同，他人的路并不一定适合自己，适合自己的路还要自己去规划，别人是帮不上忙的。

要经常性地跳出自己再来看自己，客观地分析自己的优势和劣势。让自己和别人掂量掂量自己到底几斤几两，了解了自己的长处和特点后才能知道自己适合做什么样的事和如何调整自己的职业路线，这是一个“肯定到否定再到肯定”的螺旋上升的进化过程。当度过对自己、对社会的“陌生期”后，才能谈得上对自己人生和职业的规划。

个人的职业规划就像软件工程。我们都知道做软件项目最大的敌人是需求的不明确和需求的大面积变更，同样，在个人的职业规划中，自我需求的不明确和需求的变更也是非常危险的，尤其是在职业计划实施了四五年后需求的变动和改变。只有需求确定以后，才谈得上个人的职业设计的 HLD（High Level Design，高水平设计）和 LLD（Low Level Design，低水平设计），以及具体实现。此后随着自身的日益成熟，可以随时为自己的 Bug 打补丁，改进自己的职业生涯的设计和实施细则!

工作头几年很重要。J. K. 罗琳从靠失业救济金生活，到成为史上最畅销作家；巴菲特说他能成为世界首富是因为专注与坚持；李嘉诚从塑料花做起，到拥有长江实业集团；王永庆从小米铺做起，到拥有台塑集团，更在于坚持与积累。

不思进取的人喊着“知足常乐”的口号，站在成功的对岸，看着成功渐行渐远。不甘平庸的人秉承“绝不凑合”的信念，积累雪花继续滚雪球，改变了自己的命运。

第五节　丢弃小聪明，锤炼大智慧

拥有大智慧的人，往往不是那些在什么场合都过于激进地表现自己的人，真正有大智慧的人不到必要的时候是不会太露锋芒的，因为他们知道“水满则溢，月盈则亏”的名言，清楚“太刚易折，太锐易碎”的道理。

1. 绝不做“加拿大一枝黄花”

在这个世界上，成就事业的是聪明人。在事业中起破坏作用的也是聪明人。同为聪明人，为何结局不同呢？盖因聪明有大小之分，有小聪明和大智慧之分。

何为小聪明？小聪明者以自我为中心看问题，他们表现得聪明伶俐，会说话会办事，伶牙俐齿，机灵敏捷，善于伪装，有种随风而动的轻巧，有种趋炎附势的灵动，有种你能千变万化，我能随机应变的聪慧。

何为大智慧？大智慧者以环境为中心看问题，他们不显山不露水、稳重大方、拙中藏巧、大智若愚、运筹帷幄、高屋建瓴，有种任你有千变万化，我早已将你看穿的沉稳。大智慧是框架，大智慧是俯视，大智慧是主体，大智慧是树木，大智慧就像一部哲学著作，初读时不一定得到人们的喜欢，可是你要是能读下去的话，你会终身受益。

人们经常听到“加拿大一枝黄花”的名字。这种花常常被作为玫瑰、百合、康乃馨等花的配花。而当人们开始注意它的时候，却是因为这种小花的生命力和繁殖力过于旺盛决定根除它。它几乎“霸占”了土壤中的所有水分和养分，原本是各种植物共同营造的和谐田野，变成了加拿大黄花一枝独秀，自然生态环境的平衡被严重破坏。

引进的加拿大一枝黄花因在国内的植物种类中没有形成它的自然天敌，所以生长就失去了控制，导致了人们要想除掉它的局面。

试想，如果加拿大一枝黄花没有那么“霸道”，凭借它的生命力和繁殖力，凭借它的实用性和观赏性，人们怎么会狠下心来对它“赶尽杀绝”？

加拿大一枝黄花是没有思想的，所以它不懂得见好就收的道理，更不知道真正的智慧不仅要为自己争取更广泛的成长空间，还要有海纳百川、有容乃大的气度，所以它只能面对今天的局面。可是作为万物之灵长的人呢？年轻人思想丰富、聪明伶俐，可是却经常犯下类似的错误。

真正有大智慧者，不仅仅能够借助各种力量去成就自己，更懂得在成就自己的同时留给别人施展的空间，并帮助别人取得成功。因为只有给别人留下足够的施展空间，自己才能获得更广阔的人生舞台；只有与他人实现共同进步，自身的成长才能更加持久。

大人物若是运用大智慧，便能造福苍生、泽被后世，其贡献是历史性的。小人物运用大智慧，一生受益无穷。大智慧像阳光，即使没有缝隙，阳光也能照亮心窝。

世界上有大人物也有小人物，刚工作没几年的你还是个小人物，但大人物有大人物的光芒，小人物有小人物的精彩，谁也勉强不了谁，但谁都得遭遇小聪明与大智慧。唯有大智慧才有大境界，才有大美丽，才有大成就。

2. 装傻是一种大智慧

聪明人并不是最有福的人，有时最傻的人往往最有福。

凡事糊涂一点，才能够避开意想不到的冷箭；不露锋芒，方能解得开天地所布下的罗网。

觉察到别人的欺骗而不在言语和态度上显露出来，那么你的计谋就高于他的计谋；受到别人的侮辱而不动声色，那么对方所受到的侮辱就超过你所受的侮辱，这就是高人一筹之法。

喜欢揭发别人隐私的人必然使自己面临危险，甘愿装糊涂恰恰是保护自己的智慧；喜欢自我吹嘘的人常被别人取笑，卖弄聪明恰恰显出自欺欺人的愚蠢。

觉察到别人在弄虚作假而不动声色、装糊涂也是很有意思的。成大事者从不炫耀自己的聪明才智、不反驳对方所说的话，他们常常要在对方面前装糊涂。所谓装糊涂，是在他人面前做出一个不明白的假象，用以迷惑对方，其实心如明镜，假装没有发现对方的本意，故意把它理解错，用于讽刺对方，给自己一个台阶下。

老子曰：“善行无辙迹。”意思就是说善于行走的人不留下车痕足迹。那些有真才实学的人不愿意引起别人的注意和议论，不愿博取名声，他们只是悄然进行自己的事业。

聪明睿智的人，要用愚蠢自守；多闻善辩的人，要用浅陋自守；勇武刚张强的人，要用畏惧自守；大富大贵的人，要用节俭自守；仁德广施天下的人，要用谦让自守。如此处世，就能避免招致损害。

一位男士请一位小姐跳舞，小姐傲慢地说："我不能和一个小孩子一起跳舞。"这位先生灵机一动，微笑着说："对不起，亲爱的小姐，我不知你正怀着孩子。"说完他很有礼貌地鞠了一躬后离开了她。那位高傲的小姐在众目睽睽之下，无言以对，满脸绯红。

这位先生遭到那位高傲小姐的拒绝，在交际场合是一件非常难堪的事情，可是这位先生却十分聪明，假装不明白小姐话中的意思，装作误解她有了孩子，不仅使那位小姐丢了面子，而且保住了自己的尊严，如果这位先生直接与那位小姐因此而辩理或争吵，会有失他的风度，而且与对方争吵并不能挽回面子。

在为人处世中，"装糊涂"是一种高明的处事之道，一个人不可处处锋芒太露，这样很容易引起别人的忌恨，树敌会越来越多，使工作与事业无法顺利进行下去。人都愿意与单纯的人交往，与过于聪明、机灵的人交往，人们会因为害怕被欺骗、被愚弄，因而加以防范、提高警惕。

工作头几年，试着装出一副什么都不懂、傻乎乎的样子，大智若愚，给人以糊涂的假象，往往会很轻松地战胜对手。

3. 勤奋成就大智慧

席勒曾经说过："怠惰是贫穷的制造厂，人不能奢望同时是伟大的而又是舒适的。重要的是要勤勉，因为只有勤勉，才不仅会给人提供生活的手段，而且能给人提供生活上的唯一价值。"

慵懒只会带来一时的安逸，勤奋是大智慧。勤奋是伟人不可或缺的重要品质之一，如果没有勤奋，你就是再有才能，也不会获得大的成就。

被誉为近代科学开创者的牛顿，在科学上作出了巨大贡献。他的三大成就——光的分析、万有引力定律和微积分学，为现代科学的发展奠定了基础。

牛顿为什么能在科学上获得巨大成就？他怎样由一个平常的人成为一个

伟大的科学家的？要回答这些问题，我们不禁要联想到他勤奋故事里的大智慧。

一谈到牛顿，人们可能认为他小时候一定是个“神童”、“天才”，有着超常的智力。其实不然，牛顿童年身体瘦弱，头脑并不聪明。在家乡读书的时候，很不用功，在班里的学习成绩属于次等。但他的兴趣却是广泛的，“玩”的本领也比一般儿童高。平时他爱好制作机械模型一类的玩意儿，如风车、水车、日晷等。他精心制作的一只水钟，计时较准确，得到了人们的赞许。

有时，他玩的方法也很奇特。一天，他作了一盏灯笼挂在风筝尾巴上。当夜幕降临时，点燃的灯笼借风筝上升的力升入空中。发光的灯笼在空中飘动，人们大惊，以为是出现了彗星。尽管如此，因为他学习成绩不好，还是经常受到歧视。

当时，英国等级制度很严格，中小学里学习好的学生，可以歧视学习差的同学。有一次课间游戏，大家正玩得兴高采烈的时候，一个学习好的学生借故踢了牛顿一脚，并骂他笨蛋。牛顿的心灵受到这种刺激，愤怒极了。他想，我俩都是学生，我为什么受他的欺侮？我一定要超过他！从此，牛顿下定决心，发奋读书。他早起晚睡、分秒必争、勤学勤思。

经过刻苦钻研，牛顿的学习成绩不断提高，不久就超过了曾欺侮过他的那个同学，名列班级前茅。

然而因为贫困，牛顿被迫休学回家，帮助母亲种田过日子。母亲想培养他独立谋生的能力，要他从事农产品的买卖。

他伤心地哭闹了几次，母亲始终没有回心转意，最后只得违心地按母亲的意愿去学习经商。每天一早，他跟一个老仆人到十几里外的大镇子去做买卖。牛顿非常不喜欢经商，把一切事务都交托老仆人经办，自己却偷偷跑到一个地方去读书。

怕家里人发觉，他每天与老仆人一同出去，到半路停下，在一个篱笆下读书。每当下午老仆人归来时，再一同回家。

这样，日复一日，一天，他正在篱笆下兴致勃勃地读书，赶巧被过路的舅舅看见。舅舅被牛顿勤奋学习的精神感动后竭力劝说牛顿的母亲，让牛顿弃商就学。

没有舅舅的帮助，牛顿可能失去了复学的机会，但更重要的是，牛顿在科学工作领域的勤奋成就了他奉献给人类的大智慧。

第六节 冷却安全感，保留危机感

工作头几年，你对自己的定位要随着职业发展的要求作出相应的改变。因为竞争在加剧，你必须时刻保持危机感。做一个能持续工作的充满激情的前行者，不让自己在环境中沉沦，在这条路上前进，你需要时时充电、虚心请教、不断进取，保持积极主动的工作态度，对于领导没有安排的工作，也要提前考虑和作相应的准备。

1. 孵于鸡窝里的鹰还是鹰

随着大学生就业形势日益严峻，刚工作没几年的你，是否庆幸并珍惜着自己还拥有的一份不错的工作？是否在心底深处存有职场危机感？

在当今社会环境下，占据经济结构较大份额的中小型企业的生存与发展环境竞争异常激烈，这就使得中小企业从业人员要具备比公务员、社会其他机构成员更强烈的竞争意识、专业能力和综合适应力。

由于外部环境变化越来越快，企业人员流动速度加快，这就要求身处内部的从业人员必须居安思危，时刻保持清醒的头脑和积极的工作态度。

不少刚参加工作的大学生、一些刚刚跳槽来的新员工，往往表现出其积极、活跃的一面，一段时间过后，随着对工作流程的逐渐熟悉及人际网络的逐步建立，就会出现对职场水土不服的跳槽者、被环境慢慢同化的沉沦者以及继续保持工作激情的前行者。

其中，对职场水土不服的跳槽者多是不满足现状，自恃能力超凡，不能安于眼前环境，这山望着那山高。更没有静下心来，为自己的未来确立符合自己的位置和思考自己想要的到底是什么。这部分人通常心里浮躁，属职场幼稚一族，他们并没有真正理解潜下心来积蓄和沉淀以及不断自我蜕变、超越才能真正走向成功的道理。

先来讲个故事：

一只老鹰不小心把蛋掉进了鸡窝。小鹰与小鸡一同被母鸡孵出来，小鹰总是为自己比其他的鸡丑、大、笨而难过。每每望见天空中盘旋的老鹰，小鹰都羡慕不已。

直到有一天，小鹰被黄鼠狼追赶到悬崖边，只见它纵身一跃，展开翅膀就飞了起来。飞翔在天空中的小鹰终于知道，自己原来是一只鹰！

那些慢慢被环境同化的人，多少与这只小鹰的境况有些相似，并非他们天生没有能力，只是连他们自己都忽略了自己的能力。这部分被同化者意识不到职场危机的存在。他们每天按部就班地上下班，很少违反公司制度。

从表面上看，这样的人是职场中较为稳定、流动率低的一个群体。站在企业角度来看，这部分被同化者增加了经营成本，并没有创造相应的效益，处于发展期的企业不会滞留这部分“闲人”，会首当其冲地放弃掉被同化者。

工作头几年，你要知道当你的公司处在发展期时，可能需要你是一个复合型的多面手，你既要熟悉行政办公事务的处理方法，也要能应付业务与销售工作，这样你才可能与公司一同前进和发展。当公司竞争力增强后，你还要保持彼时的激情与积极的态度挑战更具专业性的岗位，并对公司下一步扩大经营范围打下基础，唯有如此，你才能立于不败之地，才能随企业的成功一同成长，并最终获得成功！

2. 在危机中成长

危机为什么降临到你身上？因为上天并没有放弃你，因为刚工作没几年的你具有发展的潜能，因为所有成长的机会都蕴藏在危机之中。

挑战与机遇总是并存，危机与希望总会相伴而行，只要你还有机会、还有希望，挑战和危机就会来临。

你为什么不能逃避危机？因为你不能放弃自己，不能放弃每一个发展自我的机会，你需要从危机中获得前进的动力，在危机中收获你真正想得到的。

彼特现在是一家报业公司的总经理，他刚到报业公司的时候，从事的是广告业务员的工作。报社广告部的经理是一个十分能干的上司，在这样的上司手下做事既有好处也有坏处，好处就是能向他学到很多东西，坏处就是你必须把他安排的每件事都做得十分优秀，否则就会受到严厉的批评。彼特聪明好学，从不偷懒，所以他创造了十分优秀的业绩。

有一天，上司找到了彼特，告诉他：“你非常优秀，我相信你能够变得更加优秀。以后你的底薪没有了，只按广告费抽取佣金。”显然，这给彼特带来了危机和压力，不过彼特接受了这个挑战。

彼特列出一份名单，准备去拜访一些不好对付但十分重要的客户，而且他给自己定下了两个月的期限。其他业务员认为要想争取到这些客户无异于天方夜谭，而他却满怀信心地一一拜访客户。

第一天，他凭借自己的努力和智慧与20个“不可能的”客户中的3个谈成了交易。到了月底，20个客户中只有一个还不买他的广告。同事们都认为彼特已经算是大功告成了，已经没必要再在剩下的那个“难缠的老头儿”身上浪费时间了。

第二个月，他一边发掘新客户，一边锲而不舍地说服那个商店的主人。每天清晨，那位老人一开商店的大门，彼特就进去和他谈广告的事情，而那位老人总是回答：“不!”

第二个月又要过去了，这一天彼特又来到了这家商店，这位老人的口气缓和了许多：“你已经浪费了两个月的时间在我身上，我现在想知道的是，你为什么要这样做?”

“我并没有浪费时间，和您打交道本身就是一种收获，即使您不买我们公司的广告，我也磨炼了自己克服困难的意志。”

那位老人笑了：“年轻人，你很聪明，也十分踏实肯干，我相信拥有你这样员工的公司一定是一家优秀的公司，我决定买一个广告版面。”

彼特赢了，不只在这件事上，而且他还升任为广告部的经理。他直到现在还感激经理当初赋予他的危机。

工作头几年，不要逃避工作中给予你的种种危机，相反，我们要感激这一切，我们要主动迎接工作中的挑战，用微笑面对催促我们奋进的危机。

3. 用显微镜透视职场危机

竞争是激烈的，现实是残酷的，付出与回报往往不一定是对等的。尽管如此，生活还需继续，沉浮于职场几载，每天面对的无论是风雨还是彩虹，始终不能掉以轻心，需常怀危机感。

不能因为黑夜而放弃迎接光明。唯有用显微镜透视危机，才能将自己的人生路走得更稳、更远、更好。

小到一个刚刚成立的小公司，大到一个已经颇具影响力的大公司，只要置身职场，危机意识都必不可少，要时时刻刻看到自己的不足，时时刻刻想办法改进，这种意识要从团队最上层一直灌输到最底层，达成共识，形成合力。

危机感，是一个时刻自我要求精益求精之人的正常心态，是一个具备大局观的人自然而然形成的认识论。危机感，来源于明确知道自己的不足，而要想知道自己的不足，又必须具备务实的精神。

危机感来源于哪里?

来源于与同行的不断比较;

来源于对市场与社会发展趋势的判断和预测;

来源于精益求精的自我要求;

来源于所有可能影响团队与项目生存和发展的方方面面。

要经常跟业内领先者比较，就像华为在不断地跟西门子、贝尔实验室、爱立信、诺基亚、阿尔卡特比较一样。为自己树立一个标杆，知道自己的差距，不断追赶。这所有的目标，让我们时刻明确自己还有哪些事需要做，让每个成员都倍添危机感。

有工作危机感是好事。当你战胜挑战时，你就会更加自信，为企业作出更大的贡献。成为对企业有所贡献者，是使工作变得稳定的唯一途径。

不时提醒你自己，企业可能会倒闭，你可能会失去工作，这样可以激励自己尽其所能，不至于怠慢工作。

如果你无论业绩多么差都能高枕无忧，结果就会造成一种“无所谓”的企业文化。任何企业中都存在“无所谓”文化，你无所事事，却产生企业“欠”着你的思想，因为管理层创造了一种“应得权利”的文化。在“无所谓”文化中，你更注重行动而不是结果。

初入职场的年轻人，往往天真地以为进了大公司，签了一个所谓的无固定期限合同，就是大公司的人了，生活和工作就会有保障了，工资和待遇就会稳定了。其实，在绝大多数的企业，包括大公司里，都没有所谓的“稳定与保障”一说，你的项目和团队，如果持续着一直没办法赢利，没办法为公司创造更多的利润，那早晚会解散。

要走出“无所谓”文化，就一定要明白当今的市场中潜伏着无尽的威胁：客户可能拂袖而去，企业可能倒闭，员工可能失业。

人活着，要追求一种状态，一种向上的状态，一种只争朝夕的状态，而不能万事都不紧不慢、优哉游哉，到头来，你可能不仅失去机会，也可能失去自己的团队和产品。

第七节　跳出小空间，晋升大平台

要想在职场中获得长期有利的发展，必须在选择的初期就应该给自己设定好适合自己发展的轨道。许多人在初入职场时迫于生活压力选错了职业发展的轨道，在面临下一步职业选择的时候就更应该谨慎地考虑各方面的因素，在增强自己竞争力的同时亡羊补牢，虽然之前走了一定的弯路，但是在未来的职业道路中，如果能坚决按确定的发展规划行动，照样可以在职场中取得不错的成绩。

1. 跳槽的前提是有资本跳

现今的职场，跳槽已经成初入职场的年轻人提升自己的一种手段，其中一部分人士想通过跳槽找到适合自己职业发展的平台。

这部分人的跳槽原因往往是觉得这份工作不适合我、不喜欢，或者觉得这份工作的个人发展空间不大，做下去没有多大的动力，更有甚者产生了抑郁、烦躁的心理，因此他们选择了离开，但是真的当他们离职以后，面对人才市场五花八门的岗位他又感到困惑了，到底什么样的岗位适合我呢？我将来应该走什么样的路呢？他们在自己比较迷茫的情况下，选择了一些自己觉得还比较喜欢的岗位将简历投递出去，又往往是石沉大海，杳无音讯。随着求职周期的慢慢延长，当初离职时所怀的希望已经慢慢地消失殆尽，取而代之的是尽快找到一份工作的急切，在这种状态下，往往只能前功尽弃，没有达到当初跳槽的目的。

小余是某名牌大学新闻学专业的学生，毕业后想往品牌管理、品牌策划方面发展，但是由于没有工作经验，没有找到相应的工作，后来迫于就业压力，找了一家比较小的杂志社做文字类的工作，但是由于该工作长期和文字打交道，比较枯燥，小余觉得不适合自己的个性，工作两年之后就离职了。

离职后她又在一家比较大型的企业担任文员的工作，兼带负责企业内刊这一块，但是由于这份工作事情非常多，工作内容又比较杂，薪水也较低，而且离小余想从事的职业方向越来越远，工作一年后她又选择了离开。

这时候的小余更迷茫了，自己究竟应该要去找一份什么样的工作呢？品牌管理这条路自己走得通吗？如果走得通现在应该怎么切入呢？走不通的话自己又应该往哪个方向走呢？

小余毕业时正好处于就业压力逐渐增大的时期，再加上她在大学期间缺少很好的规划，没有为将来的就业作好准备，想要往自己喜欢的方向发展又缺少必要的竞争力，不得已选择了一条过渡性的职业路线，虽然有一定的相关性，但是无疑是走了一定的弯路。

更可惜的是，她在选择离职从事文员工作的时候更偏离了自身设立的发展轨道，导致离自己的梦想越来越远。另外，小余的个性类型与价值趋向与自己所设想的职业轨道完全不匹配，才导致了小余当前所面临的职业困惑和困境。

职业人跳槽的目的很大程度上是为了能够使自身身价翻番。这就要求职业人能够根据职责要求积累相应的知识、技能、工作经验，完善个人的综合素质，从而提升个人的含金量。提升个人的含金量的过程就是个人事业逐步走向成功的过程。善于整合资源的人能够从各种人、各种事件中吸取精华，并为己所用，从而加大跳槽翻身的筹码。

2. 自主搭建房地产大舞台

在中国房地产界，潘石屹无疑是个另类。他一次次处于是非的旋涡，一次次不按常理出牌，因此为世人所瞩目。

不破不立，潘石屹无疑也最具备创新能力，在中国大规模的城市化进程中，潘石屹的很多建筑作品都作为城市标志性符号引领了城市的建筑潮流。

潘石屹同时也是一个成功的商人，他所开发的几乎每一个项目都在商场中取得了空前成功，SOHO中国的销售额及纳税额连续多年在中国地产行业名列前茅。

毕业于培黎学校的潘石屹以第一名的优异成绩被石油管道学院录取。毕业后他被分派到河北廊坊石油部管道局经济改革研究室工作。在那里，他的聪明和对数字天生的敏感博得了领导的赏识，他被确定为“第三梯队”的成员。

拥有安稳的生活与工作的他被不经意的一句话触动了。那天办公室新分配来一位女大学生，对分配给自己的桌椅十分挑剔。当潘石屹劝她凑合着用时，对方非常认真地说："小潘你知道吗，这套桌椅可能要陪我一辈子的。"听者有心，他反思自己：难道这一生将与这套桌椅共同度过？

正在思变的时候，他遇见远在刚刚开放的深圳创业的一位老师。老师告诉他在深圳有很多机会，也能赚到很多钱。潘石屹问："要那么多钱干什么？"由于很难回答这个问题，老师给他举了一个例子："就说你身上的衬衫，如果你有钱，你就可以买两件，这样一件穿脏了你就可以换另外一件。"

1987年，潘石屹毅然辞职，变卖了自己所有的家当，揣着80元钱来到广东打工。两年后，潘石屹跟着一位老板来到海南。20世纪90年代初，他在海南岛成立了一家公司。经过一番辛勤努力，他迅速完成了原始资本的积累。

1992年万通在阜成门开发了。当时香港利达行的主席邓智仁刚来到北京，拜访了几家大的房地产公司，要求代理销售房子。

这些房地产公司问："你出广告费吗？"

邓智仁说："我不出。"

他们又问："你包销吗？"

他说："我不包销。"

房地产公司老总问："你既不出广告费，也不给我包销，你普通话还没有我讲得好，你凭什么给我销售啊？"

当他找到万通公司的时候，潘石屹感觉到尽管他们曾经经历过海南的房地产热潮，但就真正意义上的房地产开发销售，他们的经验还远远不足，而北京房地产界的宣传意识和雇用代理的意识还比较弱，出于安全，他毅然决定接受利达行代理万通新世界广场的推广和销售工作。

通过广告宣传和定价策略，佐丹奴加盟，万通新世界写字楼卖到当时市价的三倍。更不可思议的是，项目12月下旬才动工，销售在11月初已经完成了百分之七八十，正式销售五天内就已经收回五亿港元的资金，邓智仁光佣金就赚走了1亿港元。

一年后，潘石屹在北京注册了北京万通实业股份有限公司，自任法人代表兼总经理，开始了在北京房地产界的打拼，最终成为北京房地产界的大人物。

潘石屹依然放弃安逸的工作，是因为他知道安逸工作背后潜藏的危机，他挑战新的行业是因为他知道自己应该为之奋斗的是什么。但是，在当时能做到这些是要承受相当大的压力的，但是他勇敢地从小空间里跳了出来，为自己创造了大平台。工作头几年，智慧的你应该在为自己搭建平台的时候有所抉择。

3. 命运可以被掌握和选择

命运之所以能够改变，是因为命运可以被人所掌握和选择。被大家熟知的创业领袖俞敏洪就是一个典型的例子。

新东方的创始人俞敏洪以20亿身价成为“中国最富的英语教师”。20世纪80年代，出国热席卷了全国，新东方成为怀揣出国梦的学子梦开始的地方。据说，北大、清华学生不认识自己校长的人大有人在，但只要想出国，没有不认识俞敏洪的。在北美任何一所著名的大学里，新东方学员至少占了中国留学生总数的一半以上。因他对留学教育专业的杰出贡献，被社会誉为“留学教父”。

成千上万的中国学生，经过新东方的洗礼，走上了出国留学之路。今天的新东方，已经成为当代中国高级人才众望所归的起飞跑道和精神堡垒，在中国现代教育史上，突破了无数纪录，创造了一系列的“新东方神话”。

报刊称他是“民间力量的一个符号”，“出国梦的制造者”，“他和他的新东方将中国人望而生畏的出国考试变成了福特式生产线”。

然而，“岁寒知松柏”，俞敏洪今日之成就是从昔日苦难、失败中锻炼出来的：高考两次落榜，他勇敢地选择了自己的未来，复读时他还要务农、代课，他把握了自己的命运，终于在第三次高考后穿着打补丁的衣服，挑着扁担进入北大西文系读书。

他的同学有部长的儿子、有大学教授的女儿，而他却是一个农民的儿子。毕业后，看着自己的同学纷纷出国，留校任教的俞敏洪也把出国当成目标。为了能赚取当时4万元相当于今天40万元的学费，他放弃了北京大学教师的安逸工作，开始了艰辛的创业。顶着寒风，拎着糨糊桶，在北京海淀区的大街小巷到处张贴他的托福培训广告。

几年后，新东方学校从“星星之火”发展到“燎原之势”，俞敏洪获得了巨大成功。

人的生命中充满了选择，你的选择不仅和你的心情相关，也和你的命运相关。你选择什么样的生活和工作方式，决定权在你，而你现在的选择则决定了你的未来。当我们面对一件事情或者一种生活状态时，我们可以作出不同的选择，不同的选择使我们的生命走向不同的方向。

如今的新东方在全国已经拥有 40 多家分校，200 多个教学点，7500 多个正式员工。但俞敏洪谈到关于集团发展时说：“我们近期收购了长春和北京最好的高考复读学校，我想新东方将来的策略还是以大学生为主体，逐渐向两端人群延伸。除了继续在新东方奋斗，我现在也有能力和财力去完成我的个人梦想，那就是办个小型的人文大学，希望能把它办成百年名校。”

第五章

为自己投资，学什么比会什么更重要

< < <——工作头几年，靠学习改变命运

“学无止境。”从高校里出来了，学业并未结束，而是一个又一个的新的开始。工作头几年，你要知道的是，那些试图放弃学习的人最终会被信息时代日新月异的信息淘汰。

第一节　终身学习：不想终身受雇那就终身学习

工作头几年，无论是知识储备还是工作经验、生活经验都是相对匮乏的，当你为生活琐事烦恼时不如静下心来多读些书籍。

1. 读书可以改变命运

在知识如此迅速激增、变化和老化的今天，生活中什么是最重要的呢？当然是会学习、爱学习了。不学习者就会停滞不前，迟早丢掉饭碗。一个懂学习、有知识的人能改变自己的命运，一群会学习、有知识的人能改变国家的命运。因为知识是获得生存能力、提升竞争力的唯一途径！

由于知识更新加快，知识老化趋势加剧，每个人都需要终身学习。像过去那样，一个从大学里出来的学生一辈子不用再走进教室的情形已经成为历史。“活到老，学到老”已不再是少数人自勉的警句，而是一种现实状态。

要想成为终身学习者，必须强调爱上学习、快乐学习和主动学习，只有发自内心的学习动力才是持久的：

每天早晨醒来，非洲草原上的雄狮就知道必须拼命奔跑——它必须比跑得最慢的斑马快才能捕捉到猎物；

每天早晨醒来，非洲草原上的斑马就知道必须拼命奔跑——它只有比跑得最慢的同伴快才能生存下来。

生物进化系统显示了一种被称为“红后效应”的现象：你必须竭力奔跑才能保住同一位置。

“红后效应”在自然界中的表现方式是：捕猎动物的速度变快后，它的猎物就会设法取得更好的伪装，然后捕猎的动物就会进化出更敏锐的嗅觉，猎物则开始爬树，如此循环不止。“红后效应”在人类世界同样适用。因此，如果想在激烈的市场竞争中生存和获胜，如果想取得更大的成功，就必须比我们的竞争对手学习得更快、更好。Intel 公司总裁葛洛夫也指出：今天的人类社会发展速度越来越快。因这种变化，每个人和组织都必须以更快的速度学习、以更高的效率学习。

当今时代，我们都有能力取得成功，但大多数人只使用了头脑的一部分，因此个人的能力也只发挥出一小部分。我们只有学会更快、更有效地学习，才能百事兴旺，而会学习将是我们终身受用的资本！

美国作家杰克·伦敦的房间里有着奇怪的装饰，不论是窗帘上、衣架上还是厨具上都挂着纸片，每片纸上都记录了一些美妙的词汇。杰克·伦敦正是通过这种对语言和素材的不断积累，才能在写作时得心应手，写出像《热爱生命》、《铁蹄》这样脍炙人口的作品。

杰克·伦敦的故事说明一个道理——成功离不开学习。学习是一个循序渐进、持之以恒的过程，要想在学习上一蹴而就，成为大学问家是不可能的。我国古代思想家荀子，在劝学中说的“积水成渊，积土成山，积善成德”就讲的是这个道理。

有的年轻人认为工作了就可以不再学习了，其实工作只是学习方式和重点的转变。参加工作没多久的年轻人由于缺少生产经验，实际操作能力也弱，遇到生产中出现的问题时可能一时难以解决，这就要求年轻人在问题发生时多学习别人的解决方法，自己也要多动脑、多钻研，事后还要多总结。

2. 知识把你推向人生之巅

著名历史学家麦考莱曾给一个小女孩写信说：“如果有人要我当最伟大的国王，一辈子住在宫殿里，有花园、佳肴、美酒、大马车、华丽的衣服和成百的仆人，条件是不允许我读书，那么我绝不当国王。”

一个学历不高、没有任何演讲经验的华裔男孩，通过一种理念、一个课程的推广，不仅成为一名成功的演说家，而且他的书籍和音像制品畅销海内外，27 岁就成为亿万富翁！这听起来似乎是一个奇迹，但创造这个奇迹的就是著名成功学培训大师——陈安之。

每个人都渴望成功，每个人对成功的理解都不尽相同，但是，当有人把成功当成一项事业来经营时，他就已经成功了。陈安之创立了“超级成功学”这个概念，写了一系列教人如何成功的书籍，在全亚洲销售了上千万册。他到处演讲，人们花高价来听他的课。

陈安之自我介绍说："我的目标就是帮助你更成功、更快速地实现你的梦想。"他作为一个试图引导他人走出迷途的人自己也曾迷路过，他这样回顾自己"不成功"时的生涯："从17岁到21岁之间，我做过餐厅服务生，卖过净水器、汽车、皮肤保养品、电话卡、超级市场折价券，从事过巧克力批发、邮购等18项工作，到21岁时，银行存款簿的金额是0.00，丝毫没有进展。"

就在他不断摸索成功方法时，一本书、一堂课改变了陈安之的人生轨迹。他遇到了人生中的第一位恩师——世界潜能开发大师安东尼·罗宾。此后，他追随安东尼·罗宾进行课程推广，并最终成为一名成功的演讲家。

陈安之说："从没有任何人认识我，直到我的著作在亚洲畅销数百万本以上，这些成就都是来自不断地学习。我阅读各式各样可以帮助别人成功的书籍，上过许多帮助别人成功的课程，每年平均阅读四百到六百本书。"

陈安之作为一个读书、爱书、写书的人，在知识的高峰上攀爬最终到达人生的顶峰。在信息爆炸的时代，不能及时更新自己的信息是可怕的。陈道明认为，读书不应是业余爱好，而应是人在成长过程中呼吸的窗口。

3. 学习平台需自己搭建

很多职场新人加入企业，都会关注企业是否有良好的学习平台。他们把自己的学习目标当做在企业工作的目标，带着很多的希望加入企业。他们没有意识到自己已经为以后的学习带来一系列的思想误区。因为企业培训机制不完善的情况下，还需自己用心搭建学习的平台。

一位刚刚毕业的大学生与他的朋友谈及自己的工作能力时说："工作能力在很大程度上影响工作的心境。

"在工作中我们常常会遇上一些自己不能解决的问题，出现这种状况时，也许会手忙脚乱，怕挨领导批评；或是心灰意冷，不敢面对问题；更可能会死心绝望，怀疑自己工作能力太差。

"好强者，会想尽办法寻找解决问题的办法，并且把解决问题当做是考验自己能力的过程。这种人在工作中往往是成功者，因为他敢于面对问题，有过人的应对问题的能力。

"懒惰者，会把问题摆在一边不理，认为世间到处充斥着问题，就是不解决也不妨碍地球的转动。

“脆弱者，会被问题打得心灰意冷，从此对工作没了信心，工作得过且过，最后沦为职场失意人。

“我佩服好强者，同情懒惰者，反对脆弱者。

“在工作中我不算是个强者，因为我也有面对问题沮丧的时候，但我不会把问题摆在一边不理，我会想方设法从沮丧的状态中把自己叫醒，然后试着寻找解决问题的办法。或者，我会向朋友咨询解决的办法，听从多位朋友的意见，力图把问题解决掉、消化掉，避免工作上的错失。

“为了不影响我的心情，为了使自己能在工作中干得得心应手，我会细心观察同事处理问题的方法，暗中偷师学艺；或者多看有关书籍，吸取别人的工作经验教训，然后运用到工作中去。

“三人行必有吾师也，多向别人学习，是提高工作能力的最有效的办法。为此我很敬重别人，我把自己摆在低于别人的位置，就是为了使自己时时保持学习的姿态。”

许多行业的工作，都是在重复昨天的工作内容，每天创新不是太多。这就给新人提出了一个更高的要求，在重复中正确看待自己的成长与企业发展之间的关系。企业开的学习菜单，只是为了企业的业绩提供相应的服务，在这种情况下，作为新人要适当调整心态，在领悟中学习。

作为新加入的人员，需要合理地规划学习目标。我们可以把学习分为两项内容：工作上找到锻炼的机会，工作之余学习专业知识和技能，然后把学到的东西结合成一个整体。专业的理论知识，我们可以通过网络和书本获得。把学习到的理论，通过自己的多方位思考，形成自己的一套思路。思路有了，在工作岗位上我们要承担别人不想做的工作，给自己创造锻炼的机会。

第二节 学习竞争：不甘平庸就要在竞争中挑战自

在眼下的求职环境中，学历仍是不可忽视的一环。随着社会竞争的日趋激烈，已经有越来越多的在职人员因受学历限制而影响了职场的发展前景。年轻人为了提高自己的竞争力，加入网络大学学习者的行列，期待在不耽误正常工作的同时，获得学历，同时也及时更新自己的知识，扩大人际交往的圈子成为一种必然。

1. 不要因学历被淘汰

求职者小美讲述了自己求学、求职的遭遇。因家庭贫困，小美通过自学考试拿到专科毕业证。可是在求职时被一再地拒之门外，理由是："我们不招专科毕业生。"屡屡受挫的小美发出呼号："我只要一个公平竞争的机会！难道这个愿望很过分吗？"

遗憾的是，像这样的故事绝不在少数，相当多的用人单位在招人时所设立的"非重点院校统招本科毕业生不要"的门槛让很多"非著名院校"的专科毕业生在求职找工作时心戚戚然。

按照概率统计学来说，名牌大学生整体素质和能力还是比较高的，而且对企业的人事经理来说，筛选简历是一件非常令人头疼的事情，比如像美的电器这样的企业，通过网络投过来的简历每年就有六七万封，如果没有简历筛选硬性条件，光看简历就累死人了。按照这些最容易选择的标准来选才有其合理性和道理。

学历门槛不能实现不拘一格选拔人才，但这就是竞争的残酷。

世界超级富豪比尔·盖茨虽然是哈佛大学历史上最成功的辍学生，但他还是在母校的毕业典礼上非常期待地获得了自己等待32年的学士学位证书。他为自己在微软退休之前取得本科学位而高兴。

当我们无法改变整个社会的时候，我们可以改变的就是我们自己，还有我们看问题的态度和角度。不管学历门槛有多高，我们自己可以做的总是会更多。

一方面我们需要不断学习以提高学历而进一步增强自己的竞争力；另一方面我们也需要涉猎专业以外的知识，如社交技巧、说话水平、思维方式等。总之，我们需要全方位地提高自己，以应对激烈的社会竞争。

2. 不能因自卑被淘汰

“永远做你害怕的事”与“你应该每一两天做一些你不想做的事”，这两句话，讲的都是同一个真理，它是职场中进步的基础和上升的阶梯。容易走的都是下坡路，谁不想在白炽化的竞争中占有一席之地？谁又愿意累死累活地跟自己过不去呢？可是，如果不这样，我们就不可能进步。

有一种血液叫沸腾，有一种勇气叫挑战。让自己进步的方法很多，“每天做点困难的事”，是“逼”自己提高核心竞争力的办法。如果你是一位营销人员，当众演讲是你最发憷的事情，那你就每天“逼”自己对着镜子练习讲话；如果你是一位公关人员，恰巧又是一个内向的人，那你就每天“逼”自己主动与主要的业务伙伴联系，或是打电话，或是相约见面。

在生存空间被无限压缩，每周工作时间被无限延伸的情况下，有不少人被“剥夺”了工作的权利，被市场无情的淘汰，同时，那些每周工作时间不断延长的人们，却在愈加发奋地“提升”自我。我们固然希望工作时间越来越少、休息时间越来越多，然而，事实是无情的、残酷的，就像草原上的羚羊与狮子的生死角逐。

假如你的领导提出：“你也来试一试吧！”你却把脑袋摇得像拨浪鼓：“哟，我不行！我不行！我不行……”无法摆脱自卑的“纠缠”，没有勇气去挑战自己的人，根本无法实现自己的理想。

王伟虽然工作时间不长，但他在工作能力和接人待物方面表现不错，也得到了上级领导的认可。恰好工厂有个部门主管离职，人事部连续到人才市场招了几次工都没有招到满意的，于是老板决定在本公司内提拔一位工程师或者组长做主管。

王伟的上司和人事部找他谈话，询问他是否有信心担任那个空缺主管的职务。王伟说自己以前没当过领导，没有管理经验，当了主管压力会很大，觉得自己现阶段还是不能胜任这个主管职位。

公司管理层见王伟对自己没有信心，所以提升了另一位对此主管岗位满怀信心的人。该主管提升的结果宣布后，王伟才后悔不及，原来提升的那个人其能力比他还稍逊一筹。

与机会失之交臂的王伟与其说是被别人淘汰了，不如说自己淘汰了自己。

职场新人，如果感觉自己不如别人，好像比别人低一等，轻视、怀疑自己的力量和能力，就很难有所作为的。那些成大事者，首先要做的一项工作就是拒绝与自卑纠缠，勇敢地挑战自我，在磨炼中取得成功。

3. 忌有专业无专长

每个人都面临严酷的职场竞争力大考验，企业在员工淘汰上不再留情，新人的“阵亡率”不断攀高，作为一个职场新人你该怎么做？简单来说，一个人没有专长等于失去了竞争力，很难成功。

刚从校园中走出的大学生们抱着满腔的热情准备投入职场，但面对一次次求职的失败，渐渐感到力不从心，一份份写满了奖学金、社团干部、兼职经验的简历，常常会石沉大海。究其原因，是大家进入了求职误区，只有专业而没有专长。

专业，人人都有，只要你受过大专以上的教育，你必然拥有一个专业，甚至是双专业。

专长，一个专门的“长”于其他人的东西，却未必每人都有。

没有专业却有专长的人可以生活得很好。只有专业却没有专长的人却很难找到自己的位置。

招聘单位青睐的是有专长的人，而专业则太过模糊，叫人搞不清楚你到底能为企业干些什么。软件公司招聘程序员，并不一定要求你一定是计算机专业毕业，却可能要求你会使用 JAVA 或者 PB 语言；花旗银行招聘客服专员，什么专业都可以应聘，只要你有语言、电脑、银行业务知识这三个“专长”即可；新东方招聘英语教师，向来英雄不问出处，只要你拥有“英文好 + 会讲课”这两个专长。

无数的求职者，有专业却没专长。他学的是计算机，但是只会用 C 语言来编程，而市场上对 C 语言的需求却直线下降；她学的是商务英语，但是对商务的理解还停留在 CEO 的宏观层面上，书本上学过的战略和人力资源管理知识在未来十年之内根本用不上；他学的是地理科学，毕业以后想做市场却发现自己根本听不懂招聘单位问他的问题。

每一个人，都要靠专长才能在职场上获得一席之地，用江湖术语讲，就是要有撒手锏，或称看家本领。人人都有自己最擅长的某一方面，关键在于如何找准它，然后不遗余力地挖掘它、发挥它、升华它。不要认为你的同事都很普通，他们既然能跟你同吃一个碗里的饭，自然就有各自存在的理由。

在这种情况下，你如果毫无长处和优势，那可真的没奔头了。你甚至可以将你真诚的笑脸作为你的优势。总之，你必须有一个人人称道的优点。专长是你职场生涯中的核心竞争力，是你在职场中所向披靡的法宝。

第三节 学会倾听：从他人身上学习知识

倾听是社交制胜的诀窍，是一种睿智做人的智慧。歌德曾说过："我们要做的事，不过是伸手去收割旁人替我播种的庄稼而已。"其实，在人际沟通中，那些善于倾听的人，才是最会收割的人。

1. 倾听是交流的上上策

在社交过程中，最善于与人沟通的高手，是那些善于倾听的人。也许在交谈过程中他并没有说上几句话，但是他一定会得到他人的肯定，认为他是善于言辞的人。

韦恩是罗宾见到的最受欢迎的人士之一。他总能受到邀请。经常有人请他参加聚会、共进午餐、担任基瓦尼斯国际或扶轮国际的客座发言人、打高尔夫球或网球。

一天晚上，罗宾碰巧到一个朋友家参加一次小型社交活动。他发现韦恩和一个漂亮女孩坐在一个角落。出于好奇，罗宾远远地注意了一段时间。罗宾发现那位年轻女士一直在说，而韦恩好像一句话也没说。他只是有时笑一笑，点一点头，仅此而已。几小时后，他们起身，谢过男女主人，走了。

第二天，罗宾见到韦恩时禁不住问道："昨天晚上我在斯旺森家看见你和最迷人的女孩在一起。她好像完全被你吸引住了。你怎么抓住她的注意力的？"

"很简单。"韦恩说，"斯旺森太太把乔安介绍给我，我只对她说：'你的皮肤晒得真漂亮，在冬季也这么漂亮，是怎么做的？你去哪呢？阿卡普尔科还是夏威夷？'

"'夏威夷。'她说，'夏威夷永远都风景如画。'

"'你能把一切都告诉我吗？'我说。

"'当然。'她回答。

“我们就找了个安静的角落，接下去的两个小时她一直在谈夏威夷。今天早晨乔安打电话给我，说她很喜欢我陪她。她说很想再见到我，因为我是最有意思的谈伴。但说实话，我整个晚上没说几句话。”

看出韦恩受欢迎的秘诀了吗？很简单，韦恩只是让乔安谈自己。他对每个人都这样——对他人说：“请告诉我这一切。”这足以让一般人激动好几个小时。人们喜欢韦恩就因为他注意他们。

学会倾听，是成功交际的关键。在与人交往时，时时刻刻都能站在对方的角度考虑问题，就会很容易地受到别人的欢迎。

倾听赋予你智慧的灵光与启迪，使你的思维活跃。同时，专注倾听体现了你对社交对象的尊重。全神贯注地听，表明你对对方的讲述关心和重视，而对方会感到高兴和鼓舞。

那些善于倾听别人意见的人总是宾客盈门、朋友众多，因为人们总是喜欢与尊重他人、平易近人的人交往。事业上真正取得辉煌成就的杰出人物往往都善于倾听他人的意见。

2. 沉默也可能导致“金”被埋没

“沉默的羔羊”大有人在，很多刚刚踏入职场的人都有着与小可类似的困惑。他们的问题，并不在于工作能力，因为其中有很多都非常优秀，而在于过于“沉默”，不会、甚至是不愿意去告诉自己的老板，自己取得了怎样的成绩、付出了哪些努力，他们往往不知道应该用什么方式去说，也总认为没有机会对老板说。

小可研究生毕业后进入了一家规模不算大的民营IT企业的研发部从事研发工作。小可进入公司将近三年了，参加了很多个重要的项目，但是总感觉自己没有受到重视，老板也没有给自己加多少工资，他越来越感觉自己在公司的前途渺茫。

小可认为，其实无论在学历、经验及能力上，虽然自己并不是非常突出，但也绝不会比其他同事差，甚至有些同事，他认为明明不如自己，但能够受到老板的重视，无论在工资或是职位上都要超过自己，他感觉对公司越来越失望，开始考虑换工作了。

他的朋友问了他这样一个问题：“你觉得你有没有让你的老板了解到你在

努力工作呢?”

小可不解地问,“还用我去告诉他吗?他应该能看见的,我们部门就这么几个人,我经常周末加班,研发中很多问题都是我提出的解决方案,还用我说!”

老板要培养人才或发掘下属中有能力者,需要较长的时间,而如果你能够主动地向老板表现,则更容易让老板发现你。同时,如果你还能够让老板知道你在哪些方面有贡献,则更容易得到老板的认可和信任。

如果你有成果,请不要吝啬,也不要过于谦虚,你应该寻找机会告诉你的老板,让你的老板了解,这样你才更容易获得发展的机会。

应该怎么向老板说呢?首先,你必须明确自己的定位,也就是你希望在老板面前建立什么样的印象,然后找到有效的表达方式。

在此基础上,你需要不断把握各种跟老板接触的机会,让他了解你是怎样为你的目标而努力的,同时不断地告诉他,你具体做了什么事,你是怎么思考的,这样,便容易形成一种气势,只要时间足够,他会发现你确实是非常积极的,如果你能够不断地加深这种印象,那么,你的老板便会更加信任你。

当然,“做”比“说”更为重要,明确目标,在清晰的目标的基础上,努力去“做”,在此基础上,把你的想法和你所“做”的事情告诉老板。真正重要的是,你需要让你的实际行动与你向老板传递的印象保持一致,这样你才能长期获得老板的认可,而不是“弄虚作假”。

3. 通过倾听攫取有效信息

“人有两只耳朵一张嘴巴,这意味着人要多听少讲。”这是英国联合航空公司总裁 L. 费斯诺归纳类似的现象后提出的“费斯诺定理”。其实,古人就懂得这个道理,“兼听则明,偏听则暗”,就是流传下来的至理名言。

元朝大画家何澄根据刘义庆《世说新语》中记载的故事绘制了一幅《陶母剪发图》。画的意思是说:晋国有一个叫陶侃的贫困青年,有一天,他的朋友陆逵来拜访他,因为没有钱买酒招待他,陶侃的母亲在仓促之间,便把她的头发剪下来去卖钱换酒。

这幅画被年仅 8 岁的岳柱看到了,便毫不客气地指出了画中矫情悖理之处:陶侃的母亲手上戴着金手镯,却要剪下头发去换取酒食,这是不合情理的。因为金首饰很值钱，完全可以用它去换酒，何必匆匆忙忙把头发剪了去换酒招待客人呢？

作为一个孩子，他根本不去考虑《陶母剪发图》所宣扬的魏晋名士风度，而是根据自己对生活、对人事有限的直观认识，去理解画面的意思，所以他的诘问一针见血，切中问题的要害。一个大画家多听听别人的意见甚至是一个小孩的意见也有意想不到的收获。

当潘石屹预感到海南房地产泡沫将要破灭，于是北上来京寻找自己的创业机会之时，在怀柔县政府食堂吃饭过程中无意中听旁桌的人讲，北京市给了怀柔几个定向募集资金的股份制公司指标，但没人愿意做。注意倾听并寻求信息的潘石屹抓住了这个机会，很快成立了北京万通实业股份有限公司，这个食堂里的偶然事件成就了他以后的辉煌事业。

倾听是获取信息的方法，只有认真的倾听，才会获得准确的信息；许多准确的信息可为准确的决策提供依据。

第四节 学习决策：不要犹豫而是要果断地选择

我们的一生要面临无数次的选择，从小到大，上学、工作、恋爱、结婚，这一生，我们要做许许多多选择，有一些是小选择，比如买什么样的衣服，周末怎么度过，放假了要不要回家……

这样的选择对你的人生构不成重大的影响，充其量，它们只会影响你一两天的心情。但是还是有一些选择相当重要，如找一个什么样的男朋友，做一份什么样的工作，和什么样的人结婚，这些选择很大程度上决定了一个女人的一生，它们都是具有转折性质的关键点，走好了，一生都会很顺利，选择不好，可能要走许多的弯路。

1. 我的判断我坚持

美国最伟大的股票投机者杰西曾经说过："绝非我的种种见解使我赚了很多钱，而是能够坚持我自己的主张。我认识的许多人都在恰好的时机对市场作出了正确的判断，他们能够在可获取最大利润的价格水平上买进或卖出。"也就是说，能够对市场进行正确判断同时又能坚持自己意见的人并不一般。如是，他是一位坚持自己独立判断的成功之人。

第一次世界大战期间，杰西在钢铁和汽油上攫取了巨大的利润。他正确地判断美国会从战争中捞取好处，促使工业繁荣起来。虽然，证券交易委员会早已对空头作出种种规定，可是在那时，杰西是个做空头的特大户，以至于只要仅仅谣传他卖空就会使某一种股票下跌。

在整个20世纪20年代里，杰西在股市大做空头赚钱。当胡佛当上总统时，杰西感到这个国家经济的不确定性使得股票市场简直好到令人难以相信的程度。于是他做工业股票空头，他买进卖出股票，在这一场3个小时的出击中，他捞进了20万美元。

在1929年的整个夏季直到秋天，美国经济持续高涨，注入华尔街的资金越来越多。但是杰西并没有盲目乐观。他努力搜阅金融报刊，竭力从经济大好形势中看出真情，然后他预测出美国的工业、银行即将走入困境。

9月来了首个信号。这时候杰西从报纸上看到一条消息：英国出现了一个前所未有的哈特雷金融诈骗案。得知英国银行准备提高利率，美国联邦储备银行也打算把利率提高1个百分点后，他判断，银行利率一旦提高，许多人把钱存银行，股市的资金就会大大减少，会出现抛售股票的浪潮。

杰西还了解到有个名叫巴布森的经济学家跟自己一样，是个股市空头投机家。他曾说过，如果民主党人史密斯当上总统的话，就会把人们带进经济萧条。然而那一年上台的是胡佛和共和党人，于是巴布森的警告就被人们当成耳旁风了。精明的杰西通过各种剪报分析，发现巴布森的警告对他有利用价值。

全国的报社都得到小道消息，说巴布森要作一场重要演讲了。在报界警惕起来，而且所有的轮子都转动起来后，杰西立刻走进股市，通过全国各地友好的经纪人卖出股票。利用巴布森在讲台上的讲演，杰西统共卖空股票30万美元。

直到收盘之前杰西都不停地卖空。这时候就有别的经济学家出来驳斥巴布森的观点。第二天上午，杰西突然把他的交易地位变换，买回了他所卖出的股票。杰西只因为判断准确，抢先了一步而处处占了主动。果然，几天之内股市又恢复原状，平安无事。杰西从中大大捞了一笔。

如何作决定是初入职场的年轻人需要重点学习的一课，因为你的每一次决定、每一个选择，也许都会影响你的前程，决定你的未来。

2. 抉择须果断

选择的关键是，在选择的那一刻，能够清楚地知道自己的长处以及自己所要的是什么。在我们周围，总是有许多女人，懂得在自己的人生转折点作出正确的选择，从而不断开拓出新的风景，拥有新的天地。

闾丘露薇是一位凤凰卫视的记者，因为在伊拉克报道成名而被人们亲切地称为“战地玫瑰”，她报道了许多国内外重大新闻事件，是一名非常优秀、不可多得的新闻人才。

闾丘露薇长得虽然一般，可是她却总能在需要选择的时候作出正确的选择，令人钦佩。

凤凰卫视中文台刚刚成立的时候，闾丘露薇正在香港最大的电视台工作，非常稳定，所以当她从前的同事邀请她去凤凰卫视工作的时候，她犹豫了。尤其是她那时刚刚生完孩子，换一个工作，特别是到一个刚起步的公司，实在是需要勇气。

闾丘露薇仔细地比较了两家电视台，凤凰卫视是以香港为基地，以内地为主要市场的电视台，让每个人在那里都有较大的发展空间，但毕竟刚起步，可能会遇到很多意想不到的困难，但是机会会多一点；自己所在的电视台是上市公司，非常稳定，可是发展空间要小一些。在凤凰卫视工作，应该对内地的文化和背景有很多的了解，而自己是在内地长大、在内地接受的大学教育，这一优势是别的香港人和台湾人没有的。最重要的是，她相信，凤凰卫视的定位一定会给她带来美好的未来。

仔细对比之后，闾丘露薇的犹豫没有超过一个晚上，就这样，她成了凤凰卫视的第二名记者。

而之后的这些年，证明了闾丘露薇的选择完全正确。凤凰卫视做得风生水起，闾丘露薇也成了当家花旦之一。这样一个中等姿色的女人在自己的新闻领域做得风风火火，得到了所有人的认可。她了解自己的性格、长处和处境，所以，她在关键时刻作出了正确的选择，她的人生也因此而愈加精彩。

对于一个人来说，拥有一个聪慧的头脑，在人生的关键时刻作出正确的选择远远比拥有一张引人注目的面孔更值得骄傲，也更容易获得幸福。不同的选择决定了不同的命运和结果。

工作头几年，年轻的你要审慎地运用你的智慧，作出最正确的判断，选择属于你的正确方向。

3. 该出手时就出手

雷厉风行是很多成功者的做事风格，在机遇面前果断出手更是年轻人要学习的重要一课。

她是华语女星中的旗帜，她被人们赞誉为“女神”，她是国际影后、是代言女王、是绯闻的绝缘体、是艺人中的佼佼者。她的一切来自于其表演天赋以及对电影的钟爱。她就是张曼玉。

张曼玉1964年9月20日出生于香港，在香港时她曾就读于圣保罗小学。在9岁的时候，她随同家人一起移居英国。

在英国，她读完中学后便参加了工作。“千面女郎”张曼玉以其自身无法阻挡的魅力迷倒了万千影迷，生活中见她本人一面非常不容易，殊不知她在入行之前是一名商场售货员。

一天，她到香港旅游，意外地得到了一份化妆美容师的工作。接着又被“鬼才星探”赵润勤相中。因为公司要拍汽水广告，而这个汽水是当时的热销产品，客户对广告女主角的要求非常高。赵润勤跑到中环去找美女。这时，一对母女正从商场里迎面走出来，与他擦肩而过。这位母亲显得十分优雅，女儿更是青春可人、活泼亮丽。

当时，赵润勤就递出名片，要求张曼玉拍广告。最后，张曼玉母亲同意了这个请求。在受邀拍广告后，身穿泳衣的张曼玉，没有像其他演员那样害羞，而是表现得很大方。

张曼玉在拍广告时的表现，让赵润勤感动，“有的镜头反复拍了多次，演员们头顶着烈日来回奔跑，可想而知拍摄过程是很辛苦的。但是张曼玉自始至终都很认真，虽然一遍一遍地做着相同的动作，但始终保持着最佳的状态”。

1983年，为了扩大知名度，张曼玉报名参加了当年的港姐选美大赛，依靠清纯的形象和大方的仪容，她在决赛中获得了亚军和“最上镜小姐”的荣誉。

18岁的张曼玉顶着这样的桂冠，顺利地跨进了演艺圈。她的一生因此而变得璀璨夺目。成为港姐“亚军”后，张曼玉又被“无线”派到英国参加“环球小姐”比赛，成为当时香港参加世界性选美获得最好成绩的美女。回到香港后，她身价倍增，成为演艺界受人瞩目的人物。电视电影片约随之而来，从此她走上了影视明星之路。

回忆这段历史，张曼玉自豪地说：“参加港姐竞选是我平生作出的第一次最有勇气的决定，因为这是我进入娱乐圈的重要选择。”她很有主见，从不乱接戏，而是选择好导演和剧本后再行动。

我们或许不能成为张曼玉，但要明白工作头几年，是一生中成长、成熟和发展最快的黄金时期，在机遇面前切忌优柔寡断，要有雷厉风行的魄力。

第五节 开发潜能：从外部摄取也要从内部开发

每个人都带着成为天才人物的潜力来到人世，也带着幸福、健康、喜悦的种子来到人间。人脑与生俱来就有记忆、学习与创造的莫大潜力，你的大脑也一样，而且能力比你所能想象的还要大得多。

1. 成功需开发潜力

科学家们研究发现，若是一个人能够发挥一半的大脑功能，就可以轻易学会40种语言，背诵整本百科全书，拿12个博士学位。

著名的心理学家奥托指出，一个人所发挥出来的能力，只占他全部能力的4%。

美国学者詹姆斯发现，普通人只开发了他蕴藏能力的10%，与应当取得的成就相比较，我们只利用了我们身心资源的很小的一部分。

世界赫赫有名的控制论奠基人之一N. 维纳说："我可以完全有把握地说，每个人，即便他是做出了辉煌成就的人，在他的一生中利用他自己的大脑潜能还不到百亿分之一。"

任何一个平凡的人，都存在巨大的潜能，只要他的潜能得到发挥，就可干出一番事业。因为研究发现，那些被世人称为天才者，为人类作出突出贡献者，只不过是开发了他们的潜能而已。

在爱因斯坦死后，科学家对他的大脑进行了研究。他的大脑与同龄的其他人没有区别。这说明，爱因斯坦事业的成功，在于他开发了自己的潜能。

其实，人不仅具有巨大的心脑潜能，还有巨大的潜在体能。

我们每个人都有巨大的潜能，如果适当地发挥潜能，都可干出一番惊人的事业。无论是现在事业有成，还是事业无成，无论是年老者，还是年轻人，无论是搞行政的还是搞业务的，只要相信自己，相信自己的潜能，并用科学的方法加以开发，定会有所作为。

2. 潜力的源头在思

职场中的领导绝对不会拒绝一个勤于思考的人，那些只会完成领导交代的任务的职员犹如死板的机器人，永远不会发挥出自己的潜力。工作头几年，要明白：唯有思考才能开发出智慧的潜能，才能撞开智慧的大门。

爱因斯坦从小不是一个特别聪明的孩子，直到四五岁时，还不大会说话，以至于父母怀疑他是一个低能儿，请来医生诊断。为了激发他的求知欲，父亲还给他买了一件特殊玩具：指南针。他在玩这个玩具时，非常好奇，想知道究竟有什么力量在起作用？据说，这个“好奇”激发他以孩子最天真的方式去提出问题，30 年后，对这一问题的回答导致了宇宙结构观上的革命。

爱因斯坦在《培养独立思考的教育》中曾提道：使青年人发展批判的独立思考，对于有价值的教育也是生命攸关的。

与爱因斯坦齐名的尼尔斯·玻尔是两次改变了世界的大物理学家。尼尔斯·玻尔出生于丹麦一个善良而充满智慧的家庭。由于玻尔夫妇热情好客，玻尔家一下子成了世界名流会晤的中心。玻尔的父亲经常在家里召开思想沙龙，玻尔和弟弟从小就深受这种文化熏陶。

玻尔 3 岁时，就能向爸爸提出许多有趣的问题，甚至在父亲的鼓励下，还修理过出了毛病的自行车。当时，他三下五除二把自行车拆了，却装不上去了，一下子慌了手脚。不过玻尔还是静下心来，仔细把零件又研究了一遍，最后终于把车子重新装配好。为此，父亲还专门摆了一桌庆功酒宴。

尼尔斯·玻尔的父亲为了使玻尔产生强烈的求知欲，常常提出种种科学研究的课题来，让孩子思考和作答。孩子往往是好胜的，他们在父母面前不甘示弱，因此，他经常和父亲发生争执和讨论。

有一次，父子之间辩论关于水的张力问题。这对父亲来说，当然不是什么难题，可玻尔却有许多个“为什么”。最后，父子达成协议，由孩子到父亲的实验室做实验，至于那些仪器，由玻尔自己制作，父亲只担任制作仪器和实验的“顾问”。孩子兴致勃勃，最后实验成功。

后来，玻尔在学校如法炮制，获得了学校发给的金质奖章。

勤于思考是成功者身上一项重要的素质，不肯思考的人很容易停滞不前。

周恩来也盛赞思考的力量：“思之，思之，神鬼通之。”

3. 不丧失勇气才能发挥最大潜能

工作头几年，如果不激发出百折不挠的勇气，我们的青春才华、我们的潜力、我们的前程，很可能只是镜花水月，当梦醒来，一切还是依旧。

一个永远不丧失勇气的人总会发挥出自身最大的潜能。就像电视剧《士兵突击》中的许三多一样，“不抛弃，不放弃”让一个看似长不大的笨小子成为军人之上的军人。就像英国诗人弥尔顿所说的：“即使土地丧失了，那有什么关系。即使所有的东西都丧失了，但不可被征服的意志和勇气是永远不会被征服的。”

心理学家曾经做过一个有点残忍的实验：将小白鼠放到一个有门的笼子里，笼子的底部是金属的，然后给笼子的底部通上低电流，使小白鼠受到不会致命却相当痛楚的电击。

如果将笼子门打开，小白鼠会立刻跑出笼子以逃避电击。但如果用一个玻璃板将笼子门堵住，那么小白鼠在遇到电击往外跑的时候，就会在玻璃板上猛地撞一下，然后被挡回来。再重复给笼子底部通电，使小白鼠一次又一次地在企图逃跑的时候受到玻璃板的阻碍。最终，小白鼠学会了屈服，它伏在笼子里，被动地忍受着电击的折磨，完全放弃了逃跑的企图。

这时，即使笼子门上的玻璃板移走，而且让小白鼠的鼻子从门伸出笼外，它也不会主动逃出笼子，而是放弃所有努力，绝望而被动地忍受着痛苦。小白鼠的这种状态，在心理学上被称为“习惯性无助”。

习惯性无助是描述动物——包括人在内——在愿望多次受到挫折以后，表现出来的绝望和放弃的态度。这时的基本心理过程是退缩和放弃，对人来说，还有自我怀疑、自我否定和自我设限等，使人变得悲观绝望、听天由命，听任外界的摆布，任自己的命运随着外力的强弱而波动起伏。

也有人可能认为，人和小白鼠不一样，人如果看到获救的希望，不会连试都不肯试一试。这个结论在类似刚才那个实验的情况下大概是成立的，但是换一种情况，很多人的表现却和小白鼠惊人的相似。当我们说“理想已经被现实磨平了”的时候，当我们说：“现实带给我的是一次次打击，我终于放弃”的时候，我们的表现就是“习惯性无助”。

命运之神也许可以像实验者对待小白鼠那样操纵着我们，然而人却不一定要像小白鼠一样活着。人可以思考，更重要的是，人可以驾驭自己的情感和意志来征服命运。这就是人的潜力。

做一个持之以恒、坚忍不拔的智者勇者，关键在于自己的抉择。因为在人生奋斗的过程中，我们就像那笼子里的小白鼠——玻璃板其实并没有挡住笼子门，而是挡住了我们自己的心门。

第六节 学习思考：不想人云亦云就要勤于思考

工作头几年的黄金时期，年轻人要习惯于思考，要通过思考来提高思想水平，通过思考把生活变得更加美好。奥地利一位著名女作家说得好："只有思考的人才算真正经历了生活，对于那些从不思考的人，生活只是与他们擦身而过。"

1. 行驶的意义在于有站台

思考是人的本能，人类正因为学会了思考才从蛮荒时代走进文明社会。历史上伟大的政治人物无一例外都是思想家。

列宁从18岁就开始读马克思和恩格斯的书，他不是寻章摘句贴标签，而是系统学习，深入思考，全面而准确地掌握了马克思主义的基本原理和科学方法。

列宁在早年批判伯恩施坦修正主义时就大声宣告："我们绝不把马克思的理论看做某种一成不变的和神圣不可侵犯的东西。"他认为："从来没有一个马克思主义者认为马克思的理论是一种必须普遍遵守的历史哲学公式，是一种超出了对某种社会经济形态的说明的东西。"

正是由于列宁善于独立思考，不拘泥于马克思的个别论断，一切从实践出发，从而创建了世界上第一个强大的社会主义国家。

中国改革开放和现代化建设的总设计师邓小平一生坎坷，三起三落，宠辱不惊。不管身处何种境地他始终在思考：什么是社会主义？怎样建设社会主义？经过长期的思考，终于形成了邓小平理论，开创了中国特色社会主义道路。这是思考对于社会进步的重要性。

在自然科学领域，思考，特别是独立思考对于进行科学研究和创造发明是必不可少的。在历史上，任何一个重大的科学创造发明无不是独立而深入思考的结果。瓦特从人们习以为常的开水顶开壶盖现象发明了蒸汽机，门捷列夫根据原子量的大小，将元素进行分类排队，发现元素性质随原子量的递增呈明显的周期变化的规律。还有发明家爱迪生更是勤于思考的典范。

歌德曾经说过："凡是值得思考的事情，没有不是被人思考过的，我们必须做的只是试图重新加以思考而已。"这些科学的巨人都是对人们熟视无睹的现象进行深入反复的思考，凭借思考给人类文明进步带来福音。

思考不是政治家和科学家的专利，对于平凡人的生活而言，思考同样显得十分重要。古人说，"三思而行"，说的就是思考越是深入、越是透彻，执行起来就越是容易，效果也就越明显。思考要经过沉淀，要深思熟虑，有时甚至要经过一个漫长而枯燥的过程。

法国哲学家帕斯卡说："世人所有的悲哀都是来自于不能在一间屋子里安静地单独坐上片刻。"

思考的大敌有两个，一个是冲动，一个是盲从。冲动是因为遇事不冷静，没有经过认真思考，如无头苍蝇嗡嗡乱窜，以致"一失足成千古恨"；而盲从则是不会思考，跟风随大流，人云亦云，全无主见。

"凡事预则立，不预则废。"思考是力量、是保证，更是对未来的积极谋划。对一项工作进行策划是一种思考，对职业生涯进行设计也是一种思考。

人生没有了思考，就像一辆没有站台的火车一样，失去了行驶的意义。

2. 勤于给思想之钟上发条

这个世界不缺少能干活的人，缺少的是会思考的人。"人的思想如一只钟，容易停摆，需要经常上发条。"威·赫兹里特如是说。

清朝末年，有一位和尚画家云游到北京，被招进宫里作画。一天，慈禧让太监给他一张五尺长的宣纸，要他画出九尺高的观音菩萨的站立像。这简直是为难人。臣子们的心里都紧张极了，谁都认为这是一件根本办不到的事。和尚却并不着急，他借研墨的工夫，冷静地思考，很快就有了注意。只见他挥毫泼墨，一挥而就。

原来，他笔下的观音菩萨并不是笔直站立的姿势，而是弯腰在捡地上的柳枝。五尺长的纸，站立起来应该就是九尺了吧。慈禧看后，点头称是。众大臣也松了一口气。和尚画家的出色表现得益于他善于思考的习惯。

这里还有一个故事：

有一位擅长画猫的画家，笔下的猫都栩栩如生，以致许多人把他的画买回去挂在家里后，家里的老鼠都逃光了。因此，画家被人们誉为“猫王”。

这位画家一生只带了两个徒弟。

一天，画家把二徒弟叫到跟前说：“你可以出师了，你不但学到了我画猫的全部技巧，而且还在很多方面超过了我。”大徒弟见状，便心急火燎地找到画家说：“师傅，我也要出师，你为什么只让师弟出师呢？要知道我比他还早来半年呢。”

“的确，你跟我学画的时间比他长一点，但是，恐怕你这一辈子也出不了师。”画家严肃地说。

“你跟我学画，只知模仿，却没有任何创新，也就是说，你是在用手画画。而你师弟呢，则是用脑子画画。你的基本功虽然很扎实，但不善于思考，不善于用脑，这就是你永远出不了师，也永远无法超越你师弟的原因。”大徒弟听后，不服气地走了。

若干年后，大徒弟画的猫在市场上无人问津，而二徒弟则成了远近闻名的“猫神”。人们都说他画的猫已超过了他师傅。

其实，大徒弟和二徒弟学画的时间差别不大，而且出自同一师门，但两个人的结局却有天壤之别。二徒弟成功的奥秘便在于他的勤于思考。

人与人之间最大的差距并不是谁比谁聪明、谁比谁幸运，即使是财富的差距也是因为思考并行动而产生的。灵光一闪是一种思考；坐下来默默沉思也是一种思考；把自己的所思所想记述下来、表达出来也是一种思考。勤于思考下去，必定会有大的进步。

初入职场的年轻人不要成为工作中“无心的懒人”。一些人虽然每天也是朝九晚五，按照公司的各种流程工作，但是失去了“思考”，就会变得懒惰——错失了看见新事物的机会，丧失了发现机会的能力，所做的工作也只是简单的复制。这样的人和办公室里的电话、电脑没有多大区别。

任何一个公司都希望看到自己的员工在工作中勤于思考，因为这是完成工作计划中非常重要的一环。所以，我们要时刻提醒自己：勤于思考，用心工作。

3. 无思则令生命之主为奴

莎士比亚曾说：“思想是生命的奴隶，生命是时间的弄人。”

一群喜鹊在山上的树上筑了巢，在里面养育了宝宝。在离它们不远的地方，住着好多八哥。这些八哥平时总爱学喜鹊说话。

喜鹊的巢建在树顶上的树枝间，靠树枝托着。风一吹，巢便跟着树一起摇来摆去。每当起风的时候，喜鹊总是一边护着自己的小宝宝，一边担心摔着了宝宝。八哥生活在山洞里，一点都不怕风。

有一次，一只老虎从灌木丛中窜出来觅食。老虎这一吼，吼得山摇地动、草木震颤。

喜鹊害怕极了，聚集在一起，站在树上大声嚷叫："不得了了，不得了了，老虎来了！"附近的八哥听到喜鹊叫得热闹，不禁又想学了，它们从山洞里钻出来，不管三七二十一也扯开嗓子乱叫："不好了，不好了，老虎来了！"

一只寒鸦经过，听到一片吵闹之声，就过来看个究竟。它好奇地问喜鹊说："老虎是在地上行走的动物，你们却在天上飞，它能把你们怎么样呢？"

喜鹊回答："老虎的吼声会把我们的巢震落的。"

寒鸦又回头去问八哥，八哥"我们、我们……"了几声，无以作答。

寒鸦笑了，说道："你们住在山洞里，跟老虎完全井水不犯河水，一点利害关系也没有，为什么也要跟着乱叫呢？"

还有一个故事：

在一个村子里，住着一个傻瓜，因为大家都把他看成傻瓜，对此他感到很苦恼。有一天，来了一位专门解答人生难题的智者，傻瓜听说后，便跑向智者求助。

"你有什么困惑吗？"智者问。

"别人都把我看成傻瓜，我不喜欢，有什么方法可以让别人把我看成聪明人呢？"傻瓜说。

"这很简单，从现在开始，不管你遇到什么事情，你都给予最多、最无理的批评，即便是对那些美好的事情也要加以批评，七天后，别人就会认为你是聪明人了。"

"就这么简单？我该怎么做呢？"

"若有人说：'生命中最重要的是爱！'你要立刻给予无情的批评，直到别人相信爱对人生一点也不重要为止。"

"但是只这么简单，他人会相信我不是个傻瓜吗？"

“当然会相信！七天后保证没有人再认为你是傻瓜了，他们都会认为你是聪明人。”

于是傻瓜便照智者教导的去做了，不论听到任何事情，总是立刻跳出来给予狠狠地批评，并用他自己的观念与人争辩，直到别人相信他才停止。

七天后，他真的成功了，被人称为“大师”。

傻子之所以成为大师只是因为他终于跳出了被愚弄的角色，有了独立的思想而被人尊重。而八哥没有主见，只懂随波逐流，以至于闹出了笑话。

工作头几年，年轻人没有经验向老同事虚心学习是对的，但一定要独立思考，对对方的论点进行剖析，不盲目崇尚经验，不然，就会像人云亦云的八哥一样成为生命的奴隶。要记住，你是生命的主人。

第七节　多面学习：不想被淘汰就做个复合型人才

人才是多类型的、多层的。适用即人才，有用即人才。工作头几年的人，如果能够正视自己、调整自己，多学习、掌握一门技术，就是给自己多开一扇方便之门，使自己成为“全频道”、“多功能”人才，更能适应和满足市场及企业的需求，竞争力就更强。

1. 三种普遍稀罕型人才

“21世纪最缺的是什么？人才！”“21世纪什么最贵？还是人才！”电影《天下无贼》里的贼头儿“黎叔”这样说。企业所需的是有技术、有专业知识的人才。

中国人才研究会副会长王通讯就中国的人才需求短缺问题曾提道：“创造型、复合型、外向型这三种人才最短缺。”

所谓创造型人才指富于开拓性，具有创造能力，能开创新局面，能有新发明、新决策，对社会发展作出创造性贡献的人才。通常表现出灵活、开放、好奇的个性，具有精力充沛、坚持不懈、注意力集中、想象力丰富以及富于冒险精神等特征。

其具体有以下几个特征：有很强的好奇心和求知欲望；有很强的自我学习与探索的能力；在某一领域或某一方面拥有广博而扎实的知识，有较高的专业水平；具有良好的道德修养，能够与他人合作或共处；有健康的体魄和良好的心理素质，能承担艰苦的工作。需要具备人格、智能和身心三方面基本要素。诸如：基础理论扎实、科学知识丰富、治学方法严谨、勇于探索未知领域，同时，具有为真理献身的精神和良好的科学道德，是人类优秀文化遗产的继承者、最新科学成果的创造者和传播者、未来科学家的培育者。

专家认为的复合型人才是指不仅在专业技能方面有突出的经验，还具备较高的相关技能。比如随着IT技术完全融入银行、保险、证券之中，那么，通晓金融、IT两大领域的金融业人才就是复合型人才，而这类人才将在未来几年内十分抢手。

复合型人才就是多功能人才，其特点是多才多艺，能够在很多领域大显身手。复合型人才包括知识复合、能力复合、思维复合等多方面。当今社会的重大特征是学科交叉，知识融合，技术集成。这一特征决定每个人都要提高自身的综合素质，个人既要拓展知识面又要不断调整心态，变革自己的思维，成为一名“光明思维者”。

外向型人才，他能够适应整个世界的变化，能够在世界上走得开，对世界的经济、贸易局势有清楚的理解和运作能力。

2. 先专攻而后再博多能

“一专多能”在我国兴起于军队，是提高我军战斗力的有效措施之一。而后被移植于教育，一专多能指学校培养的学生既要具有专业知识，又要具有适应社会的多方面工作的能力，也就是现在时髦的词语“复合型人才”。乃至于今，很多学生都耳熟能详，并作为自己的努力方向。

一专是本，多能是末！刚踏入职场的年轻人，继续走在“一专多能”道路上的比比皆是，行业术语都能掌握，但涉及细化的项目时就真的是新人了。

初入职场的年轻人，“一专”不专，“能”倒挺多，如此本末倒置的现象令人反思。当今世界变化之快，令人吃惊。作为年轻人，重新审视“一专多能”极其重要！

相传有一种鼯鼠，具有5种本领，但会飞而过不了屋，会缘而不能攀顶，会游而不能渡河，会穴而不能掩身，会走而不能先人。这种本领有什么了不起？“由博返约”，精修一门，是治学的真谛。

一专是锦，多能只是锦上之花。正如鲁迅所指出：“读书‘浏览’是重要的，但光‘浏览’不行，那会成为‘杂耍’，是不会有成就的。应该在‘浏览’的基础上，然后抉择而入于自己所爱的较擅长的一门或几门。”

在这方面，列宁是个极好的范例。列宁从小就有广泛的读书兴趣和爱好，对社会科学、自然科学都有研究。但当他投身革命以后，便在博学的基础上，重点研究社会科学。由于列宁的刻苦学习和钻研，积极参加革命实践，终于成为无产阶级革命最伟大的马克思主义者。

庖丁的专业是“解牛”，解到最后成了艺术，无人能比，解出了“道”。各行各业都有道，各“专”有道，把一专做到极致，也就不枉一生。除此之外，如果想做得更多，可随具体情况而定，亦不必强求。庖丁解牛之外，也可以解猪嘛。但如果他连牛都解不好，就去解猪，猪解不好，就去解马，恐怕须发尽白，不知牛之解也。

韦尔奇在通用电气公司的最后一次演讲中说：“这将成为一个全新的游戏，你闻所未闻的变化正在以你闻所未闻的速度进行着。”我们对于“多能”的学习能掌握到哪些东西呢？有限的经验！而有限的经验在无限的变化面前，我们是否能够妥当应对，游刃有余呢？不能！既然如此，何如先一专在手！

现代科学技术的发展，已出现“通才取胜”的局面。所谓“通才”，是指具有一两门专业知识而又是知识广博、基础扎实的人才。美国曾对1311位科学家的论文、成果、晋级等方面作了5年调查，发现多是以“博学通才”取胜的。

古人云：“水深则所载者重，土厚则所植者藩。”专攻一门不及其余，往往到了一定的层次，就再也上不去了。老子说：“少则得，多则惑。”我们集中时间与精力于“一专”，心意专则业必专。

一说起乔丹，人都知他是伟大的篮球明星。所说乔丹练习投篮时，每天光就三分球都要练习1000次以上，才能有那么大的成就。闻此重点是一专，而后论其余。

3. 做复合型人才不容易

具有一项专业技能，并在另外领域有特长的复合型人才更是市场上最缺乏，而企业又求之若渴的。市场调查显示，各行业各地区对复合型人才的需求非常强烈，企业偏爱复合型人才，而且“钱景”喜人。

行业背景必不可少

在人才市场举办的招聘会上，不管是行政、文秘等文职岗位或是计算机开发、建筑设计等理科职位，招聘单位除了对求职者的专业能力有一定要求外，另一项关注的重点就是“行业背景”。

某科技有限公司在招聘一名日语翻译时，明确提出“要具备机械行业相关工作经验，对本行业的运作有一定了解”。而另一家建筑设计公司在招聘道桥设计人员时，除了对求职者在CAD等软件操作能力上作出了明确要求外，还提出了“参加过类似工程的设计，对高架桥、高速公路设计有一定掌握”的要求。

主要测试人际交往能力

“要做事，先做人。”员工的交际与沟通能力越来越成为企业在市场竞争中获胜的主要因素，因而用人单位在招聘时更看重求职者的“情商”。这从许多用人单位的招聘简章中“善与人沟通、真诚待人”等词语上可以略知。

众多心理学家研究发现，阴暗面只可整合不可压制：当一个意识的人格和黑暗面失去接触时，黑暗面将是最危险不过的。不正视和整合阴暗面，将有阉割创造力和强化破坏性、攻击性等恶劣效果，但是假如整合得好，甚至还能更好地转变，将破坏性力量变为积极性力量。

很多应聘单位在与求职者的交流过程中，甚至设计了专门的人际交往情景问题，以此来测试求职人员的交流与协调能力。

更加理性与务实

现在用人单位对复合型人才的要求较以往有所变化，用人单位在招聘人才时，已经从重视学历转变为重视工作经历。

作为求职者来说，应该更加注重工作实际操作能力的培养，特别是高校毕业生，在学校里就应多接触社会，多留意欲从事行业的运作背景，并多进行相关社会实践，通过有针对性地参加专业培训，为未来的职场竞争增加砝码。

开始与“国际化”接轨

毕业于名古屋爱知大学，被外贸企业录用的章先生坦言，他在回国应聘的过程中，感受到企业对人才的要求开始与“国际化”接轨。首先从用人单位对招聘者的能力要求来看，其更加注重求职者的应用创造能力，而不受人才的地域局限，这种做法与国外招聘人才的方法一致；其次，用人单位对人才“1+1”的复合型要求，即智商与情商都重要，在国外也广为流行。

第六章

做事之前先做人，处事之前先“懂事”

< < <——工作头几年，一定要懂人情世故

中国古训：“修身、齐家、治国、平天下。”把修身放在第一位，那就是不论你是找人办事，还是做任何其他事，修身是前提，没有修身的铺垫，一切都无异于空中楼阁。刚工作没几年的你，如果不学好做人，那么越想做好事，目标就会越像海市蜃楼，遥不可及。

第一节 想左右逢源还须具备好品质

做事先做人，处世先懂事。这是现代社会中永恒不变的法则。从学校走出的年轻人，更应该注重自己的品格和修养，不论你的社交技巧有多老道，最后你周围的人看重的还是“你是一个什么样的人”。所以，一个想拥有良好社交圈的人，必定要先从自我品质的修炼开始。

1. 咬定正直品格不放松

正则“品”端，直则“人”立。招聘员工要看人品，选择合作伙伴也要看人品。人品在社交中有举足轻重的地位，而作为人品最重要的表现形式——正直，自然显得格外重要。

如今，有人认为正直的人吃不开，也有人认为现在社会上正直的人少了，即使有也是逢场作戏罢了。尽管现实生活中确有一些人在金钱和权力面前失去了正直的品格，泯灭了做人的良知，但要相信正直的人还是占大多数的，只要你去留心观察和真诚地感受。也正是有了这么一些乐于助人、甘于吃亏的正直者，才使得那些违法违纪者不至于肆无忌惮、为所欲为，才使得不正之风有所好转。

正直，是一种优良的品格，是一个人思想道德和价值观念的综合反映。拥有崇高的理想信念和乐于吃亏、奉献的精神是具有正直的品格的条件之一。具有正直品格的人，无论在什么时候、什么情况下，都敢于挺直腰杆、维护正义的尊严。因为，一个正直的人不能把自己分成两半，口是心非，说一套，干一套，也不会违背做人的原则，奴颜婢膝。

一般来说，正直的人内心的矛盾冲突相对较少，所以才保持了敏锐、清醒的头脑，无所顾忌地干事业，并获得成功。同时，正直的人意味着他们有高度的事业心、责任感，以及很强的道德感、服从意识和维护真理的勇气。

有一篇小说里写了一个十分感人的故事。

在一所大医院的手术室里，一位年轻的护士第一次担任责任护士。“大夫，你已经取出了第十一块纱布，”她对外科大夫说，“我们用的是十二块。”“我已经取出来了，”医生断然道，“我们现在就开始缝合伤口。”“不行！”护士抗议说，“我们用了十二块。”“由我负责好了！”外科医生严厉地说，“缝合！”“你不能这样做的！”护士激烈地喊道，“你要为病人想想！”大夫微微一笑，举起他的手让护士看了看这第十二块纱布。“你是合格的护士。”他说道。他在考验她是否正直——而她具备了这一点。

一个人的正直品格不是与生俱来的，而是在社会实践中逐渐养成和铸就的。初入职场的年轻人，如果人品不正，无论他有多么渊博的知识，多么强的能力，也不能称得上是一个有道德的人。

牛根生曾经说过：“有德有才，破格重用；有德无才，培养使用；有才无德，限制录用；无德无才，坚决不用。”无德之人，在职场交际中左右逢源势必得不到真正的肯定。

2. 将心比心方能心换心

孔子说：“己所不欲，勿施于人。”孟子说：“爱人者人恒爱之，敬人者人恒敬之。”老百姓说：“投之以桃，报之以李”。其实质就是在交际中以诚待人。

曾国藩先生曾经给“诚”下过定义：一念不生是谓诚，故“诚于中，必能形于外”。真诚在内心就是纯净无染，表现于外就是真实不虚、率真自然，如此则自然心怀坦荡、正直无私。因此，真诚的心就像阳光雨露般，能温暖人心、净化心灵。

诚是立身处世的不二法门，其力量无远弗届，源源不绝。任何对立与冲突，都能在真诚的言行中化解；任何怨恨不满，都能在真诚的关怀中消融；任何困顿厌倦，都能在真诚的互爱中消逝；任何猜忌误会，都能在真诚的交流中圆解。故“真诚”是人立身处事成败的关键，其含义深远，是我们须臾皆不可离开的。

瑞士有一家钟表店，一度门庭冷落，钟表推销不出去。店主后来仔细研究产品，设身处地地为消费者着想，设计了一则主动披露商品存在问题的广告，广告词为：“本店有一批手表，走时不太精确，24 小时慢 24 秒，望君看准择表。”

广告一经贴出，很多人都很迷惑不解，更有店主的老客户询问。店主坦率地说："诚实是我们开店的原则，我们不会为了公司的私利而损坏大家的利益。"

由于这种手表价格较低，这个推销广告一贴出，很多顾客被店主的诚实从商的态度所触动，纷纷赶来购表。钟表店门庭若市，生意兴隆。

诚实是做人、做事的一种态度，这种态度是被人所推崇的，是成就大业必不可少的一种特质。初入职场的年轻人有了这种态度，会获得意想不到的机会。

北宋词人晏殊，素以诚实著称。在他14岁时，有人把他作为神童举荐给皇帝。皇帝召见了他，并要他与一千多名进士同时参加考试。结果晏殊发现考试题是自己十天前刚练习过的，就如实向真宗报告，并请求改换为其他题目。宋真宗非常赞赏晏殊的诚实品质，便赐给他"同进士出身"。

晏殊当职时，正值天下太平。于是，京城的大小官员便经常到郊外游玩或在城内的酒楼茶馆举行各种宴会。晏殊家贫，无钱出去吃喝玩乐，只好在家里和兄弟们读写文章。

有一天，真宗提升晏殊为辅佐太子读书的东宫官。大臣们惊讶异常，不明白真宗为何作出这样的决定。真宗说："近来群臣经常游玩饮宴，只有晏殊闭门读书，如此自重谨慎，正是东宫官合适的人选。"

晏殊谢恩后说："我其实也是个喜欢游玩饮宴的人，只是家贫而已。若我有钱，也早就参与宴游了。"

这两件事，使晏殊在群臣面前树立起了威信，而宋真宗也更加信任他了。

3. 七分做人三分做事

"做事先做人"是李嘉诚的一个经典的经商处世准则，运用到每一个刚毕业到社会中打拼的年轻人身上，"七分做人，三分做事"可以成为大家的处世准则。

北京汇源饮料食品公司董事长朱新礼曾说过"先做人，后做事；会做人，才能做好事。"他是这样说的也是这样做的。

从小深受儒家思想熏陶的朱新礼，有着"穷则独善其身，富则兼济天下"的心胸和抱负。他经历了苦难生活的磨炼，目睹了农民的艰辛和无奈，他有着浓厚的农民情怀。

当年，他看到农民推着小车卖水果却无人问津，既失望又无奈的眼神，就再也坐不住了，他不顾家人的强烈反对，毅然辞去公职，决心要去做一番无愧于党和人民的事业。用他的话说，就是中国不缺少干部，而缺少干实事的企业家。就这样，他毅然投身到大风大浪之中，从此再也没有平静过。

他大胆地接过负债千万的烂摊子，一切皆从负数开始。困难多如牛毛，他没有止步，也没有动摇过。他高瞻远瞩，潜入“蓝海”；当大队人马发现这块肥沃的处女地时，他已经耕耘十年之久了。

做一件好事容易，难的是一辈子做好事；坚持一时容易，难的是恒久的坚持。十几年来，朱新礼专心、专注、专业、专一投入做果汁，他在总结心得时说：“专注是需要时间、耐力和眼光的”。正是专注铸就了汇源的核心竞争力，使汇源立于不败之地。

他带领下的汇源处处领先。国内市场打不开局面，他走迂回路线，身背煎饼远赴欧洲，空手套白狼，掘回了第一桶金；站稳脚跟后，他奋力进攻国内市场，坚决要“把鞋子卖给不穿鞋子的人”，发起了一场“健康革命”，改变了中国传统的酒文化；他借力打力，先后牵手德隆、联姻统一、转嫁达能，成功在香港上市。

朱新礼提倡要学会看云识天气，熟悉“春夏秋冬”，学会“过冬术”，才能使企业不至于在黎明前死掉。他还是管理高手，任人唯贤、惜才爱才、赏罚分明的管理风格使他在员工中树立了威信。在他的领导下，汇源打造出了一支精干的队伍。

朱新礼认为一个人的人品很重要，做事先做人。“我是一个很会赚钱的人，但从做企业的那天起，我就从没把钱放在第一位。”他讲究“先做人，后做事。会做人，才能做好事”。商场上叱咤风云的朱新礼，在平时的工作和生活中是一个温厚谦和的人，不仅赢得了员工的爱戴，更赢得了商界有口皆碑的好人缘。

他是中国典型的儒商，有着兼济天下的情怀。“义利并举、饮水思源”，他不忘自己肩负的社会责任。“大企业有大的社会责任，小企业有小的社会责任；无论企业大小，创立多久，都应该承担起自己的社会责任。”他以支持“三农”为己任，在边远的贫困地区投资建厂，既支持了当地经济，又给农民带来了实惠。

的确，做事从做人开始。要想得到社会的认同、他人的认可，你必须从自我品质修炼开始，做一个受欢迎的人，做一个为大众所接受的人。

第二节 讲究礼仪需具备内在涵养

礼仪，作为在人类历史发展中逐渐形成并积淀下来的一种文化，始终以某种精神的约束力支配着每个人的行为，是适应时代发展、促进个人进步和成功的重要途径。

在人际交往中，礼仪不仅可以有效地展现一个人的教养、风度和魅力，还体现出一个人对社会的认知水准、个人学识、修养和价值观。

1. 不要成为无知的私生子

社会的飞速发展和文明程度的不断提高，以及与世界交流的日益频繁，使越来越多的人开始思考如何才能体现自己有礼、有节、有度的修养和风度。

人们越发意识到礼仪在生活、工作和生意场上的重要作用；礼仪已经成为提高个人素质和单位形象的必要条件；礼仪是人立身处世的根本、人际关系的润滑剂，是现代竞争的附加值。“不学礼，无以立”已成为人们的共识。

一个人要想获得成功，仅有良好的外在形象是不够的，还需要有良好的心理素质、行为素质，高尚的道德素质，积极的意识形态。

礼仪的几大原则充分体现了它的规范和要求。

律己。学习、应用礼仪，最重要的就是要自我要求、自我约束、自我控制、自我对照、自我反省、自我检点。

敬人。在礼仪中，要敬人之心常存，处处不可失敬于人，不可伤害他人的尊严，更不能侮辱对方的人格。掌握了这一点，就等于掌握了礼仪的灵魂。

宽容。要求人们在交际活动中运用礼仪时，要多容忍他人，多体谅他人，多理解他人，千万不要求全责备，斤斤计较，过分苛求，咄咄逼人。

平等。即尊重交往对象、以礼相待。这一点上，对任何交往对象都必须一视同仁，给予同等程度的礼遇。

真诚。在人际交往中，务必诚实无欺、言行一致、表里如一。只有如此，自己在运用礼仪时所表现出来的对交往对象的尊敬与友好，才会更好地被对方理解并接受。

适度。这要求在应用礼仪时，为了保证取得成效，必须注意技巧及其规范，特别要注意做到把握分寸、认真得体。

从俗。由于国情、民族、文化背景的不同，必须坚持入乡随俗，与绝大多数人的习惯做法保持一致。不可以目中无人、自以为是。

现代社会的快节奏，使得我们在与人交往时，往往凭第一感觉来对一个人进行评价。第一感觉，无非是一个人的相貌、着装、打扮、谈吐、举止等，大部分都是礼仪的内容。如果对一个人产生了不好的第一印象，以后很难有所转变。其实没有人在和你交往之前去调查你的为人如何、处事如何，也完全没有必要。所以，从这个角度来说，礼仪问题，绝对不是小问题。

礼仪体现细节，细节体现素质。礼仪说的是细节，说的是小事，但又不是小事。

巴特勒曾经说，无礼是无知的私生子。工作头几年，一个人的整体形象一旦毁于礼仪中的细节那是非常可悲的。

2. 保持现代礼仪的距离美

由于人们交往性质的不同，个体空间的限定范围也有所不同。一般来说，关系越密切，个体空间的范围划得越小。美国人类学家爱德华·霍尔博士认为，根据人们交往关系的不同程度，可以把个体空间划为四种距离。

亲密距离

这种距离是人际交往中最小的间距。0 ~ 15 厘米，彼此可以肌肤相触，耳鬓厮磨，属于亲密接触的关系。这是为了做出爱抚、亲吻、拥抱、保护等动作所必需的距离。常发生在爱情、亲友关系之间。如果用不自然的方式或强行进入他人的亲密距离，可被认为是对他人的侵犯。

15 ~ 45 厘米，这是身体不相接触，但可以用手相互触摸到的距离，如挽臂执手，促膝倾谈等，多半用于兄弟姐妹、亲密朋友之间，是个人身体可以支配的势力圈。而势力圈以眼前为最大，也就是一个人对前方始终保持强烈的势力圈意识，而对自身的两侧和背后关心次之。

据这一原理，飞机上、长途汽车上和影剧院都采取长排向前的座位，尽量避免设置面对面的座位，使每个人都拥有一个平均的前方势力圈。

个人距离

在这种距离下，较少直接身体接触。45 ~ 75 厘米，适用于较为熟悉的人们之间。在这种距离之下，可以亲切地握手、交谈，或者向他人挑衅。75～120厘米，这是双方手腕伸直，可以互触手指的距离，也是个人身体可以支配的势力圈。

社交距离

这种距离已经超出亲密或熟悉的人际关系。120～210厘米，一般适用于工作场合和公共场所。在现代文明社会，一切复杂的事物几乎都在这个距离里进行。如机关里的领导干部对秘书或下属布置任务，接待因公来访的客人，或进行比较深入的个人洽谈时大多采用这个距离。

210～360厘米，适用于更加正式的交往关系，是会晤、谈判或处理公事时所采用的距离。首长接见外宾或内宾，大公司的总经理与下属谈话时，由于身份的关系需要与部下之间保持一定的距离，这时双方的距离一般为210～360厘米。

公众距离

在这种距离之下，人际沟通大大减小，很难进行直接交谈。360～750厘米，这是产生势力圈意识的最大距离。如教室中的教师与学生，小型演讲会的演讲人与听众的距离。所以在讲课和演讲时用手势、动作、表情以及使用图表、字幕、幻灯片等辅助教具都是为了“拉近距离”，以加强人际传播的效果。

750厘米以上，在现代社会中，则是在大会堂发言、演讲、戏剧表演、电影放映时与观众保持的距离。

3. 让礼仪修养为你加分

个人礼仪修养即社会个体以个人礼仪的各项具体规定为标准，努力克服自身不良的行为习惯，不断完善自我的行为活动。从根本上讲，个人礼仪修养就是要求人们通过自身的努力，把良好的礼仪规范标准化作个人的一种自觉自愿的能力行为。今天，强调个人礼仪修养有着极为重要的现实意义，具体表现在：

加强个人礼仪修养有助于提高个人素质，体现自身价值。

“金无足赤，人无完人”是人所共知的。然而现实生活中，人们却都在以各种不同的方式追求着自身的完美，寻找通向完美的道路。争当“名牌”人，强调“外包装”者有之；注重“脸蛋靓”、在乎“身段好”者也有之，但这些均不足以使人发生美的质变。费时、费力、费钱财之后，仍有不少人依然是“败絮其中”。我们认为，只有将内在美与外在美统一于一身的人才称得上唯真唯美，才可冠以“完美”二字。

加强个人礼仪修养是实现完美的最佳方法，它可以丰富人的内涵，增加人的“含金量”，从而提高人的自身素质，使人们面对纷繁社会时更具勇气，更有信心，进而更充分地实现自我。

在工作中，个人礼仪修养主要体现为行为举止庄重、自然、大方、有风度。走路时要身体挺直，速度适中，步子稳重，给人以正派、积极、自信的印象。切不能大步流星、慌里慌张，让人感到毛手毛脚、不可信任。坐姿要端正优美，女职员坐下时要注意双膝并拢，不要趴在桌上，让人感到懒洋洋的，更不要把脚跷到桌上，这是很不文明的表现。

进入别人的办公室之前，要轻轻地敲门，得到允许方可入内。开门、关门的动作要轻，不要发出声响。不能用脚踹门、用脚关门。避免在上班时吃零食、刮胡子、看小说、打瞌睡。尽量不要高挽着袖口、裤脚，或叼着烟卷在办公室里到处乱逛。

上下班要准时，工作时间要以全部精力干好工作。参加会议时，比预定时间早到 5 分钟最能体现效率原则。即使上司对你的迟到行为没有多说什么，那也不表示她对此毫不在乎。上班迟到的习惯会使你显得缺乏敬业精神。作为一个尽职的下属，你至少应该比你的上司提前 15 分钟到达办公室。

不要把个人的私事带到办公室里去干，不要利用办公设备干私活，例如复印资料、转录音像带、通私人电话等。不要在办公室里织毛衣、写家信、会亲朋好友。此外，带自己的亲友来办公室参观，或让他们来共享写字间的办公用品，也是不合适的。

莎士比亚说道：“在宴席上最让人开胃的就是主人的礼节。”工作头几年，不要让你的毫无涵养的失礼影响老板的胃口，而被炒鱿鱼。

第三节　装备打动他人的语言武器

有人说："眼睛可以容纳一个美丽的世界，而嘴巴能描绘一个精彩的世界。"我们天天在说话，不一定就说对了话；我们天天在办事，不一定就会办事。为人处世，大部分在一个人的说话里体现。俗话说："好言一句三冬暖，恶言半句六月寒。"诸葛亮能够"舌战群儒"，在众英才中"口若悬河"，成为蜀国大功臣很大程度上归功于他说对了话。

1. 说对了话才能办好事

初入职场的年轻人，你要明白"言不顺，则事不成"。工作中，年轻气盛的人说话非常的直爽，不会委婉含糊。有时候一不小心，仅仅一句话就拉开了自己和他人的距离。因此，重视和学习说话、办事的技巧，有利于未来事业空间的拓展。

李技术员在年轻的时候，从事管道技术工作，因为年轻，头脑灵活，上手很快，一些老工程师干不了的事情，他却能在很短的时间内完成。原来需要两个技术员做的事情，他一个人做起来都游刃有余，并时常做一些技术上的创新尝试，并大都取得了成功。

为此他也感到很自豪，认为自己贡献最大，就有些飘飘然了。他的潜意识里没想到目中无人是职场中的大忌。

在一次做新项目的研讨会议中，他的意见和其他几个同事的意见发生了分歧。同事们都说应该那样做，他却坚持这样做。最后他不耐烦了，对着同事们高声说道："这种项目以前你们都没做过，有什么资格下结论！"被他训斥的人中有几位是他的前辈，大家看他这么说，也都不做声了，任他去做决定。

后来，那个项目没有攻坚下来，最后不了了之。同事们因此也慢慢疏远了他。

在以后的工作中，能力突出的他却与晋升无缘。而与他同时间进工厂的同事中，很多都先后走上了管理岗位，尽管他能力很强，却一直做着技术工作。

后来他在反思中才逐渐意识到自己年轻的时候说话过于情绪化，说错了话，得罪了同事，以致没人愿意主动接近他，老板也不器重他。

因为一句话的事，影响了自己在同事面前的形象和印象，以至于影响到自己的未来事业的发展。

如此看来，说话就好像火把，当你在合适的时候以合适的方式说出合适的话时，你就像在别人的屋里点燃了火把，让屋里充满阳光，让别人感到温暖；反之，你就像在别人屋里点燃了火，伤了别人，也害了自己。

工作头几年，有必要注意的谈话主题如下。

随意询问健康状况。一般情况下一个人不希望让同事特别是领导因知道自己身体不健康而联想到工作能力较差。

有争议的话题。除非非常清楚对方的立场，否则应避免谈到有争议的敏感话题，如宗教、政治、党派等易引起双方对立僵持的话题。

谈话涉及个人隐私。个人隐私包括年龄、婚姻状况、薪酬等。

提及他人的不幸。不要和同事提起他所遭受的伤害，比如离婚或者是家人去世等。若是对方主动提起，则要表示出同情并真诚地倾听。

2. 缺乏幽默感就等于愚蠢

作家普里兹文曾经说过：“生活中没有哲学还可以应付过去，但是没有幽默则只有愚蠢的人才能生存。”

幽默是一个人的学识、才华、智慧、灵感在语言表达中的闪现，是一种“能抓住可笑或诙谐想象的能力”，它是对社会上的种种不协调、不合理的荒谬现象以及偏颇、弊端、矛盾实质的揭示和对某些反常规知识言行的描述。

幽默的语言可以使我们内心的紧张和重压释放出来，化作轻松的一笑。在工作中，幽默的语言如同润滑剂，可有效地降低人与人之间的“摩擦系数”，化解冲突和矛盾，并能使我们从容地摆脱沟通中可能遇到的困境。

丈夫是个学者，整天捧着书，妻子对此非常不满。

妻子说：“我看以后我还是变做一本书吧。”

丈夫不解地问："为什么?"

妻子说："这样你就可以整天把我捧在手上了。"

丈夫哈哈一乐："呀，那可不行。我看书看完了可就得换新的了。"

这一下，妻子急了，连忙说："那我就做本大字典。"

夫妻双方哈哈大笑。聪明的妻子幽默含蓄地表达了对丈夫的爱和不满，并且使丈夫明白了自己的意图。

与别人初次见面，幽默的语言会赢得对方的好感。当双方发生矛盾冲突时，幽默的语言会冰释前嫌。具有幽默感的批评性谈话，使人乐意接受。在工作劳累的时候，来点幽默的笑话，可以使人得到积极的休息。总之，幽默是社交中不可缺少的润滑剂。

有一次，一个外国经理不小心把一杯可乐打翻，可乐洒在地毯上，他自嘲地说："一会儿蟑螂部队肯定会大规模地袭击我的办公室。"一个职员微笑着对经理说："绝对不会，因为中国的蟑螂只喜欢吃中餐。"经理很愉快地看着她，放声大笑。

遇到挑衅性的问话，用幽默的语言回答，比直接驳斥有时会取得更好的效果。爱迪生致力于制造白炽灯泡的时候，有人取笑他说："先生，你已经失败了200次了。"爱迪生回答说："我的成功就是发现了200种材料不适合做灯丝!"说完，他自己哈哈大笑起来。

菁菁是一个刚毕业的大学生，在网上撒简历。她给一家外企发了一份，第二天就收到了对方发来的"未被录用"的邮件。对方的邮件写着：很遗憾，您未被录用……可能是系统出了问题，对方相同内容的邮件，竟然发来好几封。

于是，她给对方回复了一封邮件，说："既然您对没有录用我表示如此的遗憾和内疚，为什么不能给我一次面试的机会呢?"对方的招聘人员觉得这个女孩很有意思，于是就给了她一次面试的机会。结果她顺利通过了。

幽默是一种智慧的表现，它必须建立在丰富知识的基础上。一个人只有具备审时度势的能力、广博的知识，才能做到谈资丰富、妙言成趣，从而做出恰当的比喻。初入职场的年轻人，经历和知识有限，不想愚蠢地度过一生，不妨在工作之余为自己增添幽默而快乐的工作生活作料。

3. 低成本赚取赞美外快

凡事能够把握分寸，就是一种智慧。在称赞他人时，分寸拿捏得不同，结果也会有所不同。

赞美他人，说起来非常容易，但是要做起来，还不是这么回事儿，如果不是由衷的从心里赞美，反而会弄巧成拙，让别人觉得你很虚伪，如果用词得当，听的人可能会对你推心置腹。

赞美他人，讲求从什么地方去赞美，从什么角度去赞美，从什么理论去赞美，而不是胡乱的去赞美他人。

假如在夏天要跟几个同事出去游玩。然后有个女性同事，因为天气太热，穿得比较单薄，很性感，但是作为男性同事，就不能从这方面去赞美，不能说：“咿，你今天穿得真性感。”这样说的坏处就是会让别人觉得是不是真得穿得太少了，要回去换换。

其实这样说比较好一点：“咿，你今天看起来可真时尚呀，好有气质呀！”这样的赞美，会让你的同事觉得今天打扮得非常好，从心里感到舒服！

莎士比亚说过：“我们得到的赞扬就是我们的工薪。”从这个意义上说，每一个人都是别人工薪的支付者。刚工作没几年的你，不妨慷慨地把这种“工薪”支付给你的同事和上司以及客户。

经济危机之下，日本民众士气大挫，为了重获信心，日本兴起了“说好话”运动。京都市一家寿司店的老板上完培训班后，每个星期都会挑一天，请店员互相赞美，效果立竿见影，不但店员之间感情更好了，业绩更是节节高升，营业额比起去年增长了10%。

有人说赞扬是一笔有效的投资，只需片刻的思索就能得到意想不到的报酬。马克·吐温说：“靠一句美好的赞美我们能活上两个月。”这里所说的赞美，是指诚心诚意、真真实实的赞美，而不是虚伪的应酬话，更不是言不由衷的阿谀之词。

语言可以表现出一个人的人格。即便是口舌比较笨拙的人，只要具有关怀对方的心情，其心情就能在话语间充分流露出来。相反，如果没有发自内心的关怀之情，即使使用再华丽的语言，也会被对方看穿。所以满怀真诚是最重要的。

赞美并不是说几句好听的话，恭维一下他人，拍一下马屁，说人家本来就有的优点，或者是大家都认可的优点，而是去观察别人内在的东西，称赞别人所看不到、没有发现的优点。在工作当中，要多一些真心诚意的赞美，少一些阿谀奉承，这样最终会给你带来好运气。

要恰如其分地赞美别人并不是件容易的事，善于发现他人的优点，把握时机赞美他人，往往会拉近彼此距离，获得他人的好感。

第四节　社交应酬细节不可被忽视

工作头几年，要养成认真对待自己每一项工作的优良习惯。如果你养成了良好的工作习惯，就会对自己的工作产生一种亲切感，会从心底里把工作当成自己的第一需要，从此，工作对你来说就会变成一种乐趣。

1. 要花点心思在名字上

记住别人姓名，是最直接、最容易获得别人好感的办法，是人际关系的推进器。记住别人的名字是一种礼貌，也是一种感情投资。工作头几年，积累经验，更要舍得感情投资。

拿破仑以前经常遗忘别人的姓名，这使他的部下和朋友十分反感。后来他把每一个相识的人名字写在纸上，全神贯注地闭门默记。如此一来，他都能随口说出别人的姓名，得到了众人的敬佩和爱戴。

记住别人的姓名，并不是鸡毛蒜皮的小事，细微处反映了你对他是否重视、尊重。

推销员希得·李维曾经遇到过一个名字非常难念的顾客。他叫尼古得玛斯·帕帕都拉斯，别人因为记不住他的名字，通常都只叫他“尼古”。

李维说：“在我拜访他之前，我特别用心地反复练习了几遍念他的名字。当我用全名招呼‘早安，尼古得玛斯·帕帕都拉斯先生’时，他简直目瞪口呆。过了几分钟，他都没有答话。最后，他热泪盈眶，说：‘李维先生，我在这个小镇上生活了35年，从来没有一个人会试着用我的全名来称呼我。’”

不用说，最后，尼古得玛斯·帕帕都拉斯成了李维的顾客。

“记住别人的名字”看似很简单，但这是你为人处世的重要基础。

2. 灵活做人，“呆板”做事

办公室里无小事，刚工作没几年的你，如果疏忽大意会造成一个很坏的结果。白领在工作中尤其要注意这一点，有时别看是一些小事而不放在心上，关键时刻，小的细节也会影响大局，白领要有“扫一屋方可扫天下”的细心与气度。

一次，公司开新产品推广会，部门所有的人都连夜准备文件。上司分配给王倩的工作是装订和封套，因为王倩进这家外企才半年。王倩的上司是一个50多岁的美国老头，他一再叮嘱王倩：“一定要作好准备，别到时措手不及。”

王倩听了不以为然，心想：这种小学生都会做的事，还用得着这样婆婆妈妈地嘱咐我？于是她没怎么理会。同事们忙忙碌碌，她也没帮忙，只是坐在座位上装模作样地做自己的工作，实际上是在看一本美容杂志。

文件终于交到她手里，她开始一件件装订，没想到只钉了二十几份，订书机“咯噔”一声空响，订书钉用完了。她漫不经心地抽开订书钉盒，脑子里轰地一响——里面没有订书钉了！她马上到处找，但都找不到。上司看见后，也立刻让所有人翻箱倒柜找。不知怎的，平时随处可见的小东西，现在竟连一排也找不到了。

当时已是深夜了，而文件必须在明早9点大会召开前发到代表手中，上司怒不可遏地对她大喊：“不是叫你作好准备吗？怎么连这点小事也做不好！”她低头无言以对，脸上像挨了一巴掌似地滚烫刺痛。

虽然最后找到了一盒订书钉，但这事让王倩深刻地领悟到“不打无准备之仗”这句话的真正含义。

以防万一，作万分之万的准备工作并不是危言耸听，在有些时候确实是很必要的，而如果以三分的精力和态度面对十分的工作，将带来不可预料的恶果。在职场上你要想取得成功，真正的障碍，有时可能只是一点点疏忽与大意，就如同那一盒小小的订书钉。

办公室里无小事！所有的人都是自己的“上帝”。在办公室，你的心中有自己的“上帝”吗？工作头几年，也许你心中根本就没有这个“上帝”。初入职场的人可能会认为，把自己的工作当“上帝”对待，是一件可笑的事，他们不仅缺乏这种“呆板的严谨”，而且也看不起这种“严谨的呆板”。

很多人在思想上似乎都有着这样一个误区：成大事者必不拘小节，自己将来是做“大事”的人，所以可以不拘小节。但一屋不扫，何以扫天下？如果你“大”字当头，那你多是眼高手低、纸上谈兵。你或许可以风光一时，但肯定不会风光一辈子。一步切实的行动远胜过一打空想。只有脚踏实地、“呆板”做事，你才有可能一步步铸就人生的辉煌。

凡事都要从小事做起，别看有时候一点点的小事，却可能影响整个大局。办公室里无小事，不管你身处何位，都要事无巨细，把自己的工作做好。

3. 感恩是一个重要的处世哲学

感恩是一种处世哲学，感恩是一种生活智慧，感恩更是学会做人、成就阳光人生的支点。

一次，巴菲特来到中国大连，大杨创世公司董事长李桂莲见到巴菲特后，主动提出为他量身定制西装。巴菲特一穿效果相当好，回到美国后，特意寄来感谢信说：“你们给我做的西服很合身，很帅，我穿西服从来没有过这么好的感觉。”

为了表示感谢，巴菲特特别邀请李桂莲参加伯克希尔股东大会。后来，他又专门寄来一段3分钟左右的DV视频庆祝大杨创世成立30周年。他说：“现在，我的伙伴查理·芒格，我的律师，比尔·盖茨都穿创世西服。事实上，我认为我和比尔·盖茨应该开一家男装店，卖李女士的西装，我们会是出色的推销员。我祝愿你们下一个30年再造辉煌。我希望10年后，再回大连，庆祝你们的40周年。”大杨创世反复播放宣传这段录像，结果股价一个月最高涨了一倍多。

仅仅因为收到几套西服，巴菲特一而再再而三表示感谢，真是做到了中国人的那句话，“滴水之恩，当涌泉相报”。

一个女孩从家里出来，刚要到小区的车棚取自行车时，看到一个人拿了开锁工具在开她自行车的锁。女孩立刻大喊：“抓住他！有贼！”

女孩喊的时候，偷车贼已经打开了车锁。推了车就往外奔去。就在这个时候，只见路边一个中年大叔伸出了手中的一把雨伞，试图阻拦这个逃跑的贼。由于车速比较快，雨伞连带着中年大叔，加上小偷以及自行车都倒在地。

小偷见女孩要追上来了，于是赶快跑掉了。

女孩见到自己的新自行车蹭掉了一块漆，上去将车扶起，然后头也不回地走了。这时，大叔才从地上爬起来。旁边有人跟她说："姑娘，你怎么不感谢这位大叔一下？人家的伞都坏了！"可这个女孩还只顾着自己的新车，嘀咕道："我的车头都歪了！"

第二天，女孩到楼下的小卖部买水果，发现带的钱不够，于是，想先把水果拿回家，下次出来再还钱给老板。老板不仅不同意她这样做，还不愿意卖水果给她。原来这个老板就是昨天帮她抢回自行车的大叔的儿子。

他不愿意把东西卖给"不知好歹"的人。这个女孩也知道理亏，低着头出来了，她以后也不好意思再在小卖部买东西了。

"感恩"是一种生活态度，是具有高尚品德的表现。如果人与人之间缺乏感恩之心，必然会导致人际关系的冷淡，所以，每个人都应该学会"感恩"，这对于现在的年轻人来说尤其重要。

第五节　走出“孤岛”，用心靠近他人

两位管理学专家，哈佛商学院的蒂齐亚纳·卡夏罗和杜克大学的索萨·洛沃分析了多种职场关系，得出的结论是：大多数人宁愿与讨人喜欢的傻瓜一起工作，也不想和有本事的讨厌鬼共事。卡夏罗强调说：“员工有问题总愿意找他们觉得可亲的人帮忙，即使这个人的水平不高。”

1. 营造亲和力

“与人交往时，让我们记得，我们不是同理智的动物交往，我们是同有感情的动物交往，与竖着偏见刺毛且满心骄傲虚荣的动物交往。”人际关系学大师卡耐基如此概括人类交际，但他成功地掌握了人际沟通的技巧。

受他的影响，国外的一些企业家十分重视员工的亲和力，尤其是服务行业，把它作为从业人员必备的素质。

亲和力是人与人之间信息沟通、情感交流的一种能力。具有亲和力的人，每天都会以自信、乐观、向上的心态面对每一个人，会视他们为熟人、朋友、老乡、亲人，这将使别人加深对他的信任感。

具备亲和力的人更容易与陌生人沟通和交流。人都是有感情的，感情的沟通和交流能够让陌生人之间建立一座信任的桥梁。信任的建立将会有效地消除人们之间的交流障碍。

68 岁的土光敏夫经常不带秘书，独自一人巡视工厂，遍访东芝散设在日本各地的 30 多家企业。身为一家公司的董事长，亲自步行到工厂已经非同小可，更妙的是他常常提着一瓶一升的日本清酒去慰劳员工，跟他们共饮。这让员工们大吃一惊，有点不知所措，又有点受宠若惊的感觉。没有人会想到一位身为大公司董事长的人，会亲自提着笨重的清酒来跟他们一起喝。因此工人们称赞他为捏着酒瓶子的大老板。

土光敏夫平易近人的低姿态使他和职工建立了深厚的感情。即使是星期

天，他也会到工厂转转，与保安人员和值班人员亲切交谈。他曾经说过：“我非常喜欢和我的职工交往，无论哪种人，我都喜欢和他交谈，因为从中我可能听到许多创造性的语言，获得巨大收益。”

工作头几年，良好的人际亲和力，是每一个职场中人都应该具备的。生活在这个世界上，每天都要与人打交道，良好的人际沟通能力是通向成功的桥梁。一个具有良好人际亲和能力的人在工作单位会有很好的人缘，也容易得到同事的支持和鼓励。

亲和力更多的是自身的一种综合气质。它要求你必须具有良好的文化素养、优雅的谈吐和大方的举止等。从很大程度上来说，亲和力是一种可以通过后天的努力来获得的能力，在日常工作中，要有意识地培养自己的亲和力。

刚工作没几年的你，要培养亲和力首先就得装扮大方，以显示淡雅清新的气质，给人以舒适感。学会微笑，努力使笑容真实自然。有意识地放慢说话速度，以让自己的表达清晰、有逻辑，但也不要慢条斯理，让人感觉到没有激情。多培养自己的兴趣爱好，并不断培养自己的信心，不断地与人沟通。业余时间多听一些舒缓的音乐，看一些杂志书籍，能让你保持一种自然平和的心态。

2. 寻找共同点

只要你是职场人士，就逃不开饭局。一顿融洽、和谐、成功的饭局能解决很多工作上的麻烦。和领导生疏的，敬杯酒就自来熟；和同事闹了不愉快的，边吃边讲个笑话，心结立解。不过，千万要记住，你的“套近乎”别表现得太明显，必须有谈话的交集才能继续进行下去。

所谓的交集就是共同点。生活中我们常常听到这样的话：谁与谁说不到一块儿去，一见面就“顶牛”；谁与谁很投缘，恨不得能穿一条裤子。说不到一块儿去就是没有共同的兴趣和爱好，很投缘就是情趣相投。人们一般都喜欢和那些与自己有“共同语言”的人交往，而情趣相左的人交往则往往不大容易成功。如果你希望交际成功，就可以从寻找共同情趣切入。

与你刚认识的人在一起谈话或与人谈论你不认识的人时，最好的办法是从一个话题到另一个话题地试着说，如果某个话题不行，再试下一个，或者轮到你讲话时可讲述你曾经做过的事情或想过的事情，修整花园、计划旅行或其他已经谈过的话题。不要对片刻的沉默慌张，让它过去即可。谈话不是竞赛，像跑步一样拼命地冲到终点。

当你发现在聚会上坐在你身边的是个陌生人时，在开始交谈之前先介绍一下自己，然后有各种各样的开始方式。如果你是个很腼腆的人，在参加聚会之前就可在脑子里先想好如何开始交谈。例如男主人已经告诉你一些关于他的消息了，你可以说：“我知道你的球队在上星期的决赛中获胜了。一定很精彩。”如果你对他一点都不了解，可以说：“您是住在北京还是游客？”从他的回答中你可以期望开始话题。他可能会问你住在哪儿、从事什么职业等。非常简单，但要注意给他说话的机会。

为了发现陌生人同自己的共同点，可以在需要交际的人同别人谈话时留心分析、揣摩，也可以在对方和自己交谈时揣摩对方的话语，从中发现共同点。

在广州的某百货商店里，一位南海舰队的士兵以带着苏北方言的普通话对服务员说：“请你把那个东西拿给我看看。”另一位顾客也是苏北人，在广州某陆军部队服役。听了前者这句话，也用手指着货架上的某一商品对营业员说了一句相同的话，两句话中的苏北方言，使两位陌生人相视一笑，买了各自要买的东西，出了店门就谈了起来，从老家问到部队，从眼下任务谈到几年来走过的路，介绍着将来的打算。

身在异乡的一对老乡的亲热劲儿，不知情的人怎么也不会相信是因为揣摩对方一句家乡话而造成的结果。可见细心揣摩对方的谈话确实可以找出双方的共同点，使陌生的路人变为熟人，发展成为朋友。

3. 给予“心”需求

交际本是人的一种社会心理需求，只要满足对方的心理，交际就能够成功。刚工作没几年的你，试着以以下方式满足他人。

给予他人呵护。寻求呵护是人参与交际活动的重要驱动力。在人际交往中，你若是主动帮对方解决一些实际问题，让对方的心理需要得到满足，对方一定会感到你对他的呵护，因而更加信赖你，未来交际的可信度与有效度也会明显提高。如果你已经这样做了，那么，再照下列提示做下去，一定会有更好的效果。

任何人总是关心着自己最亲近的人，如果一旦发现了别人也在关心着自己所关心的人，大都会产生一种亲切的感觉。与人交往时就可以利用人们这种共同的心理倾向，从关心他最亲近的人切入，拉近彼此的距离。

曾和日本首相佐藤荣作实力相当的河野一郎，最会利用人们的这个微妙的心理。有一次河野一郎在欧美旅行时，在纽约遇到了多年不见已显生疏的朋友米仓近先生。两人在道近况后，都留下了在国内的住址和电话，知道彼此都成了家。当晚，河野一郎回到旅馆第一件事，便是挂了个长途电话给米仓近太太："我是米仓近的老朋友，我叫河野一郎，我们在纽约碰面了，他一切都很好。"

米仓近太太没想到丈夫的这位朋友会对丈夫这么关心、体贴，感动得热泪盈眶。米仓近后来知道了，专程去向河野一郎表示感谢。

人们一般都认为，双方的矛盾爆发之后的一段时间，是交际的冰点。但如果此时一方能主动做出一个与对方预期截然相反的善意举动，就会使对方在惊愕、感叹、佩服、满怀敬意之中认同你，从而化敌为友。

美国总统华盛顿还是一位上校的时候，他率领着部队驻守在亚历山大历亚。在选举弗吉尼亚议会的议员时，有一个名叫威廉·佩恩的人反对华盛顿所支持的候选人。同时，在关于选举问题的某一点上，华盛顿与佩恩形成了对峙。华盛顿出言不逊，冒犯了佩恩；佩恩一怒之下，将华盛顿一拳打倒在地。华盛顿的部下闻讯，群情激愤，马上过来，准备教训一下佩恩。华盛顿当场加以阻止，并劝说他们返回营地，就这样一场干戈暂时避免了。

第二天一早，华盛顿派人送给佩恩一张便条，要求他尽快赶到当地的一家小酒店来。佩恩怀着凶多吉少的心情如约到来，他猜想华盛顿一定要和他进行一场决斗，然而出乎佩恩意料的是，华盛顿在那里摆了丰盛的宴席。华盛顿见佩恩到来，立即站起来迎接他，并笑着伸过手来，说道："佩恩先生，犯错误乃人之常情，纠正错误是件光荣的事。我相信昨天是我不对，你已经在某种程度上得到了满足。如果你认为到此可以解决的话，那么握住我的手，让我们交个朋友吧。"

华盛顿热情洋溢的话语感动了佩恩。从此以后，佩恩成为一个热烈拥护华盛顿的人。

要想说动对方，首先要听懂对方。听人言，知人心。你能巧妙地听他说，他就会滔滔不绝地向你说。善于交际的人不但有好的口才，还有善于打动人心的"听才"。你独特的听话方式会吸引对方，令对方产生信赖感，从而对你敞开心扉，畅所欲言。

卡耐基曾说：“认真倾听对方的谈话，正是我们对他人的一种最高的恭维。”在谈话中要想使效果达到最佳，不但要说好，更要听好。但真正的说话技巧不仅是会说，还要会听。掌握良好的听话技巧，在谈话中能更好地联络情感，既满足对方的需求，又达到自己的目的。

第六节 为自己的社会角色编织人脉网络

斯坦福研究中心曾经发表一份调查报告，结论指出：一个人赚的钱，12.5%来自知识，87.5%来自关系。这个数据是否令你震惊？人脉没有国界，在中国办事，人脉的重要性，更需要你去体会。

1. 吻青蛙方得王子

在年轻时，花费一些时间去经营你的人脉，就会节省你所做事情耗费的时间。有好的人际关系的人不会浪费时间去发一些零星的邮件给不认识的人，也不会浪费时间采集信息或搜索合适职位。在遇到王子之前，你要学会去亲吻许多青蛙。

在好莱坞，流行一句话：“一个人能否成功，不在于你知道什么（what you know)，而是在于你认识谁（whom you know)。”

世界推销大师乔·吉拉德非常重视名片的作用，他认为，递名片的行为就像是农民在播种，播完种后，农民就会收获他所付出的劳动。

乔·吉拉德常常提着1万多张名片去看棒球赛或足球赛。当进球或者比赛进入到高潮的时候，他就会站起来，大把大把地将名片撒向空中，让自己的名片在空中漫天飞舞，这为他销售出更多的汽车创造了更多的机会。

当他去餐厅吃饭付账的时候，通常是多付一些小费给服务生，然后给他一盒自己的名片，让服务生帮助自己送给其他用餐的顾客。每当他寄送电话或网费账单的时候，也夹两张名片，人们打开信封就会了解到他的产品和服务。

乔·吉拉德说：“我在不断地推销自己，我没有将自己藏起来。我要告诉我认识的每个人，我是谁，我在做什么，我在卖什么，我要让所有想买车的人都知道应该和我联系。我坚信推销无时无刻不在进行，但是很多销售人员往往意识不到这一点。”

除了名片之外，乔·吉拉德每月都会给所有的客户寄卡片。平均一月要寄出 16000 张至 17000 张卡片。他并不像其他汽车经销商那样，在卡片上写一大堆“大降价”、“跳楼降价”、“疯狂甩卖”、“独家降价”之类的话，而是在一月份写上“新年快乐”，二月份写上“情人节快乐”等，然后签上自己的名字寄出去。

一年 12 个月里面，人们每月都会收到他精心寄送的卡片。持续地人脉资源积累，为乔·吉拉德赢得了空前的成功，他一生总共销售了 13001 辆车，最高单月销售纪录为 174 辆，平均每日售出约 6 辆车。这些纪录自他 1978 年 1 月宣布退休后，至今仍未有人能打破。

刚工作没几年的你，不要指望自己是主动出击的第一个人，就能拥有有用的人脉。但有时候，你开始做什么事情是偶然的，无法预测它产生的效果，需要你花些时间去检验。最终，你会遇到一些志同道合者并得到他们的帮助。

2. 人背信则名不达

诚信是一个人安身立命之本，是企业生存和发展的根基。一个人若是缺少诚信，就会被朋友离弃：一家企业若失去了诚信，就如同走上了绝路。

春秋战国时期有名的工匠鲁班，因为拥有化腐朽为神奇、巧夺天工的手艺而流芳百世。更被后世的工匠喻为祖师爷。相传鲁班曾接下兴建一座巨大宫殿的任务。由于建筑宫殿的树木要求非常考究，时间也很紧迫，鲁班因此要求徒弟们在保证树木质量的前提下，在一个月内准备好所需的木材。

转眼就到月底，徒弟们见所需木料距离鲁班的要求还非常远，都非常焦急。有一位弟子就自作主张，将附近居民家中的次级木材当成好的木料交差。鲁班在不知情的情况下，将其中一部分木料当成宫殿的建筑材料。鲁班后来知道这件事后，痛心疾首，懊悔不已，立刻与这位徒弟断绝师徒关系。但徒弟们却很不谅解，心想不过是几根木头，罪不至于断绝师徒情分。鲁班告诉弟子：“我一生最看重的就是诚信，没有诚信则寸步难行。”

李嘉诚说：“你必须以诚待人，别人才会以诚回报。”他把诚信看的比自己的生命还重要，他不止一次强调诚信对自己成功的重要性。曾有人向李嘉诚探寻成功的秘密，他不假思索地脱口而出“诚信”两字。凭借诚信两个字，让李嘉诚在国际上获得儒商的声誉。人们相信李嘉诚的诚信，相信跟着李嘉诚不会吃亏，“李嘉诚”三个字就是金字招牌。

李嘉诚的资金在创业初期非常有限，经常捉襟见肘。某天，有位外商想大批订购李嘉诚公司的产品，但需要有信誉的厂商担保，以防交不出货。因为一时找不到让外商满意的担保人，迟迟不能签下购货协议，而让李嘉诚痛苦不已。在遍寻不着担保人后，李嘉诚最后无奈地向外商坦诚相告。听到李嘉诚的解释后，对方很赞赏他的诚信，表示相信李嘉诚的为人，愿意与他签约。

出乎外商所料的是，李嘉诚竟然拒绝了他，并且说，因为资金的匮乏，可能无法完成如此多的订货。李嘉诚的自暴其短让外商深受感动，决定与李嘉诚合作。为了帮助李嘉诚顺利完成订单，他甚至预付货款。凭借这次机会，李嘉诚扩大了生产规模，朝着香港塑料花大王的成功之路迈进。

李嘉诚的一言一行都遵守自己的诚信原则，更让他获得巨大的商业机会。这个自称不适合经商的人，竟然在短短的几十年内迅速成为香港首富，并在全亚洲经营独一无二的大生意，进入世界十大富豪的行列。没有人怀疑李嘉诚经商的天赋，但他的经历却给我们更多的启示：诚信可以带来更多的财富。

初入职场，只有真正认识到“诚者，天之道；思诚者，人之道”的道理，把诚信当成做人的基本要求，才能奠定诚信的坚实基础，编织良好的交际人脉网。

3. 分享永远不吃亏

一只狮子和一只狼同时发现一只小鹿，于是商量好共同追捕那只小鹿。它们合作良好，当野狼把小鹿扑倒，狮子便上前一口把小鹿咬死。但这时狮子起了贪心，不想和野狼平分这只小鹿，于是想把野狼也咬死，可是野狼拼命抵抗，后来狼虽然被狮子咬死，但狮子也深受重伤，无法享受美味。

试想一下，如果狮子不如此贪心，而与野狼共享那只小鹿，岂不就皆大欢喜了吗？

这个故事讲述的道理就是人们常说的“你死我活”或“你活我死”的游戏规则！

我们说，人生犹如战场，但毕竟不是战场。战场上敌对双方不消灭对方就会被对方消灭。而人生赛场不一定如此，为什么非得争个鱼死网破、两败俱伤呢？

大自然中弱肉强食的现象较为普遍，这是出于生存的需要。但人类社会与动物界不同，个人和个人之间、团体和个体之间的依存关系相当紧密，除了竞赛之外，任何“你死我活”或“你活我死”的游戏对自己都是不利的。

当你在社会上行走时，建议你也采用“双赢”的竞争策略，这倒不是看轻你的实力，认为你无力扳倒你的对手，而是为了现实的需要，如前面所说，任何“单赢”的策略对你都是不利的，因为它必然会有这样的结果：除非对手是个软弱角色，否则你在与对方进行争斗的过程当中，必然会付出很大的心力和成本，而当你打倒对方获得胜利时，你大概也已心力交瘁了，甚至所得还不足以弥补你的损失。

在人类社会里，你不可能将对方绝对毁灭，因此你的“单赢”策略将引起对方的愤恨，成为你潜在的危机，从此陷入冤冤相报的循环里。

在进行争斗的过程当中，也有可能发生意外的情况，而这会影响本是强者的你，使你反胜为败！

所以无论从什么角度来看，那种“你死我活”的争斗在实质利益、长远利益上来看都是不利的，因此你应该活用“双赢”的策略，彼此相依相存。

在人脉资源上，注重彼此和谐与互助合作，面对利益时与其独吞，不如共享。

在商业利益上，讲求“有钱大家赚”，这次你赚，下次他赚，这回他多赚，下回你多赚。李嘉诚曾多次对别人讲：“要照顾对方的利益，这样大家才愿与你合作，并希望下一次合作。”

俞敏洪在关于6个苹果的分发上说：“要让孩子知道，6个苹果如果全部都自己吃了，那就只有苹果的味道。但是如果自己吃一个，把剩下的5个分给别人，表面上丢掉了5个苹果，可却换来了5个人的友谊，人家以后有橘子的时候，就会分一个给你。这样你吃到的不仅是苹果，最后还收回5个不同的水果，分享一定不会吃亏，还会建立友谊。”

“分享永不吃亏。”这是俞敏洪经常挂在嘴边的话。口语、电影教学专家杜子华正是被俞敏洪这种“分享”思想所打动，从而带着他创办的“理想”学校加盟了新东方。

初入职场的你要意识到，“双赢”是一种良性的竞争，更适合于现代社会的相互竞争。不过，人在自己处于绝对优势时常会忘记前面那则寓言所描述的状况，其最终的结果也必然是赢得凄惨。

第七节　必须掌握的几种处世谋略

不可否认，社交处世中有很多难题，尤其是对于刚工作几年的年轻人来说，在社会中打拼难免会遇到各式各样的障碍，这就需要我们掌握不同的处世谋略来应对各种难题。

1. 兜兜圈子再通幽

含蓄，是一种巧妙和艺术的表达方式。在生活中，当我们很想表达一种内心的强烈愿望，但又觉得难以启齿时，不妨借助于“含蓄”。含蓄是一种情趣、一种修养、一种韵味。缺少情趣、缺乏修养、没有味道的人，难有含蓄。

含蓄是一种魅力。无论在时装设计上，在戏剧故事里，在随意交谈中，含蓄都大有讲究。电视剧《四世同堂》中，祁家老二瑞丰成天闲逛鬼混，还经常向操持家务的大嫂韵梅伸手要钱。但全家的生活已经十分困难，韵梅没钱可给；不给吧，又怕瑞丰闹气，搞得家庭不和。韵梅真是左右为难。这天，瑞丰又来要钱，韵梅只好说：“老二，我偷偷地给你当一票去吧?”

当一票，说明手上没钱，只能当东西；同时，暗示了祁家的家规，恐怕有失体面。既说明了难处又给人台阶。

面对这类难题，就要含蓄说话、委婉处理，既要达到目的，又要息事宁人，防止矛盾激化，有时还需要隐蔽动机。

鉴赏家这样说：“假如你把什么都说出来，我立刻就走。”

丘吉尔说过的一句话让人很难忘掉：“英国在许多战役中都是注定要被打败的，除了最后一仗。”这既表明了英国的力量，也表明了含蓄的力量。

林肯一直习惯用具有视觉效果的词句来说话。对于天天送到白宫办公桌上的那些冗长的、复杂的官式报告，他感到非常厌倦。他决定提出反对意见，但他不以那种平淡的词句来表示反对，而是以一种几乎不可能被人遗忘的方式说出来。“当我派一个人出去买马的时候，”他说，“我并不希望这个人告诉我这匹马的尾巴有多少根。我只希望知道它的特点在哪里就可以了。”

外交家们的口语经常离不开含蓄，他们的书面语又不能含蓄。一旦谁总把这两点弄颠倒了，黄昏离他也就不远了。含蓄对于职场更是如此，对于涉及多方利益的事情在不得不开口的情况下，刚工作没几年的你应该学会使用委婉的语言兜兜圈子。

委婉，是运用迂回曲折的表达方式含蓄地表达本意的方法。说话者故意说一些与本意相关或相似的话，以烘托本来要直说的意思。虽然委婉只是一种“治标剂”，但却是语言交际中的一种极其重要的“缓冲”，它会让原本可能困难的交往变得顺利起来，让听者在比较舒适的氛围中领悟到本意。

著名语言学家王力先生曾说过：“兜圈子是一种说话的艺术。要正确运用这种艺术，就要善于分辨言语交际的具体情况，做到当兜则兜，不当兜还是直说为好。”

2. 主动“和谐”掉冲动

西方有句经典谚语：“上帝要想让他灭亡，必先使他疯狂！”中国俗语曰：“酒是穿肠的毒药，色是剐骨的钢刀，财是下山的猛虎，气是惹祸的根苗。”愤怒就像决堤的洪水那样淹没人的理智，让人做出不可思议的蠢事。

某大公司老板巡视仓库，发现一个工人正坐在地上看连环画。老板最恨工人在工作时间偷懒，于是怒不可遏地问：“你一个月挣多少？”

“一千元。”工人回答。老板立刻掏出一千元给他，并大叫：“拿了钱给我滚！”事后，老板责问后勤主管：“那工人是谁介绍来的？”主管说：“那人不是公司员工啊，而是其他公司派来送货的。”

“冲动是魔鬼”，愤怒状态下的人们经常会失去理智，一时的冲动很有可能会断送自己的大好前程，造成严重的后果。据统计，怒火给人类造成的损失比全世界烧掉的煤炭还要多出成百上千倍。

康德说：“生气，是用别人的错误惩罚自己。”的确，冲动就有这样的魔力，让人身不由己，敢做平时不敢做的事情，愿做平时不愿意做的事情，就好像失去理智的罪犯那样走上极端，亲手毁掉自身的幸福。

再从生理的角度来看，冲动会使人心跳加快，呼吸急促，肌肉绷紧，咬牙切齿，要消耗比平时大得多的能量。过度还会造成神经紧张，脸色苍白，浑身发抖。经常冲动，心脏、大脑、肠胃都会受到损害，严重时甚至会致人死命。所以，每个人都不要轻易地冲动，要把魔鬼赶得无影无踪，用平常、平淡的心理，理智地去对待各种事情。

克制就是忍耐。忍，是曾国藩一生的座右铭，也是他步入成功的阶梯。蒋介石崇拜曾国藩，把曾国藩作为自己的偶像，他的三次下野恐怕就是他尊崇克制、以退为进的杰作了。

郑板桥的座右铭是难得糊涂。他说的糊涂可不是真的糊涂，而是心里明白，装作糊涂。官场上如狼似虎，如果什么事情都不糊涂，到头来，糊涂的就是自己的脑袋瓜子了。

曹雪芹笔下的王熙凤就是那种头脑聪明、做事精明的典型人物，只可惜到头来，机关算尽，把自己的卿卿性命也算进去了。

克服冲动是成熟的表现，更是一种修养。刚工作没几年的你，在职场中，不要因为冲动和暴躁而与“和谐”背道而驰，失去了重要的人脉网络。

3. 才子守拙为智者

《庄子》中讲了这么一个故事：

有一位纪先生替齐王养斗鸡，每养十天，齐王就不耐烦地催问“养好了没有”。每次纪先生都答“不成”，先是说鸡还“自大得不得了”，后来又说“还容易被声音或人影惊动”、“目光犀利，太盛气凌人”。最后，齐王对斗鸡不抱希望了，纪先生反而报喜讯来了：“鸡已经处变不惊，看上去好像木头做的，其他鸡只有落荒而逃的份儿了。”

庄子在这个故事中揭示了人在竞争中的理想姿态：少一些直接外露的人际冲突，多一些自我反省和自我管理，这样不仅有助于维持心理健康，低调做人，也让人时刻保持斗志，然后高调做事。

刘备一生三低，成就了蜀汉王国。

一低是桃园结义。与他在桃园结拜的人，一个是酒饭屠户张飞，另一个是在逃的杀人犯关羽。而刘备皇亲国戚，后被皇上认为皇叔，肯与他们结为异性兄弟，他这一低，五虎上将张翼德，儒将武圣关云长——两条浩瀚的大河向他奔涌而来。

二低是三顾茅庐。刘备为一个未出茅庐的后生前后三次登门拜访，不说身份地位，只论年龄，刘备可以称得上长辈了。可是这长辈却连喝两碗那晚辈精心调制的闭门羹却毫无怨言。

三低是礼遇张松。益州别驾张松本是想把西川地图献给曹操，可曹操自从破了马超之后，志得益满，傲人慢士。数日不见张松，见面就要问罪。后来又向他耀武扬威，引起对方讥笑，又差点将其处死。而刘备派赵云、关云长迎候于境外，自己亲迎于境内，宴饮三日，泪别长亭，甚至要为他牵马相送。张松深受感动，终于把本打算送给曹操的西川地图送给了刘备。

古人的前车之鉴，让我们看清了面对这个多变的世界，以低姿态做人是很有必要的。

“QQ之父”马化腾与其他的互联网大佬相比，就是一个另类，显得神秘而低调。他基本不主动做杂志的封面人物，更不用说上娱乐节目或者做主持；有关他的个人采访基本没有，关于他的故事更多的是据说和传言，很少能得到确认的。

成名之后，马化腾依旧很少接受媒体采访，即便接受采访，也更多是公司行为，诸如最开始的QQ与美国ICQ的关系。上市之后因为公司股价的需要，马化腾的曝光率高了一些，但更多是例行公事而已，缺乏真正主动的出位性言论和举动。但马化腾其实也有高调的举动，就是QQ的新产品总是在无声无息间，摆在Q哥Q妹面前，进军门户市场。QQ的每一次扩张都一剑封住了对手的咽喉。

低调做人是一种境界，是一种心态和精神。地低成海，人低成王。达·芬奇说：“微少的知识使人骄傲，丰富的知识使人谦逊，所以空心的禾秆高傲地举头向天，而充实的禾穗却低头向着大地，向着它们的母亲。”做人，心态可以高昂，但行为需要低调。

初入职场的年轻人，即使相当有才华，但目中无人，处处锋芒毕露，永远难以到达成功的彼岸。

第八节 要懂得知人知面更要知心

察言观色是一切人情往来的基本技能，更适用于职场中。不会察言观色，等于不知风向便去转动舵柄，世事圆通无从谈起，弄不好还会在小风浪中翻了船。察言观色就是要从细微之处看出分晓，在安静中察觉可能到来的风云变幻。

1. 要知心可以察言观色

有些人直觉虽然敏锐却容易受人蒙蔽，懂得如何推理和判断才是察言观色所追求的顶级技艺。

言辞能透露一个人的品格，表情眼神能让我们窥测他人内心，衣着、坐姿、手势也会在毫无知觉之中出卖它们的主人。

言谈能告诉你一个人的地位、性格、品质及至流露内心情绪，因此善听弦外之音是“察言”的关键所在。

如果说观色犹如察看天气，那么看一个人的脸色应如“看云识天气”般，有很深的学问，因为不是所有人、所有时间和场合都能喜怒形于色，相反是“笑在脸上，哭在心里”。

“眼色”是“脸色”中最应关注的重点。它最能不由自主地告诉我们真相。人的坐姿和服装同样有助于我们看清他人整体，对其内心意图洞若观火。

我们如能真的在交际中做到察言观色、随机应变，也是一种本领。

由此看来，察言是很有学问的技巧。透过“言”与“色”来揣测人内心的思想，有时会不知不觉在口头上流露出来。刚工作没几年的你，与别人交谈时，只要你留心，就可以从谈话中深知别人的内心世界。

2. 在细微之中洞察人心

从细微的变化中，体察到被认知者的实际心理活动，是刚工作没几年的你，看透人心必须学会的能力。

有时候，小小的变化里面一定隐藏着使之发生变化的内力，人发生变化的作用力即是人的内心世界，而使内心世界发生变化的往往就是工作中的现实问题。

小聂大学毕业后，几次都与就业机会失之交臂。这天，他根据网上的信息，去了一家公司面试。没想到公司原定招聘2名员工，前去报名的却有好几百人。

当小聂填好了表格，耐心排队等候公司头头面试时，有一位员工模样的人过来对他们说：“我们的老总还有一个小时才会来这里。现在我有点急事想请大家帮忙：那边到了几车水泥，眼看天要下雨了，我一时又找不到搬运工，我想请你们义务帮忙卸一卸水泥，好吗?”

大家见他也是本公司的人，就想动身去帮忙卸水泥。可是，有的人却说：“卸水泥是工人的事情，我们没必要去替他卖苦力。”这样一来，一大半人都站着不动，小聂却和另一小部分人走出队伍，主动跟那个人去卸水泥。

待水泥卸了一半多，那人又来说话了：“诸位对不起，我们的老总刚才来了电话，他说今天来不了了，真是很抱歉。”

这些正在卸水泥的大学生沉不住气了。有的说：“这不是存心耍我们吗?不干了!”有的说：“咱又不是他们公司的员工，让我义务劳动，没门!”呼啦啦一下子又走了一大半。而小聂等少数几个人却一直坚持到把水泥全部卸完。

当他们在自来水龙头下用手捧着水洗完了脸之后，刚才那个请他们卸水泥的人笑眯眯地对他们说：“恭喜你们，刚才是我设计的一场特殊考试，你们几个全部及格了，从现在起，你们就是我们公司的正式职员了。”这几位通过了“特殊考试”的大学生这才明白：这位不起眼的“员工”正是他们的老总。

小聂虽然不知道这位不起眼的“员工”的真实身份，但他看到这位“员工”不凡的气质和老板无缘无故的迟到，心里明白，自从自己到达公司，面试或许就已经开始，未来老板想先占“小便宜”那也无所谓。无论结果如何，也要坚持到最后。

苏轼说：“一炬有燎原之忧，而滥觞有滔天之祸。”一个人能以小见大，有较强的预见性，可少走很多弯路，可警防自己的行为步入极端。工作头几年，年轻人应该学会在小的迹象里发现事物发展的必然规律，做到窥一小斑而知全豹。

3. 得他人之心需要示弱

俗语说：“人心隔肚皮。”聪明的人总会在职场的竞技中掩藏自己的智慧，适时为他人包括上司叫好。因为通常杰出的人都更放心不如自己的人，任何上司都有获得威信、满足自己虚荣心的需要，不希望部属超过并且取代自己。因此在人事调动的时候，如果某个特别优秀，而且颇有实力的人被指派到某位上司手下，上司可能就会忧心忡忡，因为他担心某一天对方会抢了他的位置，相反，若是派一位相对平庸的人到其手下，可能反倒使他高枕无忧了。

为朋友叫好与付出容易，为别人叫好与付出困难，为对手叫好与付出更困难。一些人对同行冤家和竞争对手，多采取的是阴险的手段，打击报复，而不知道如何化敌为友。

想把对手变成朋友，就要舍得对他好。对方陷入困境的时候，你要保持冷静，不能见机踹他一脚；当你成功的时候，不要在对方面前趾高气扬，克制自己不流露出得意。

第七章

突破来自方法，效益始于效率

<<<——工作头几年，就要掌握高效之道

大多数企业会通过提高员工的工作效率，降低企业生产成本或者较少投资成本的方法提高行业竞争力。同样，员工也可以通过提升自身的工作效率的方法，使自己在人才市场供过于求的竞争中脱颖而出。

第一节　主动提高工作效率

最优秀的人，总是那些重视效率并且善于寻找方法提高工作效率的人。而主动找方法提高工作效率的人，总是社会的稀有资源。不管是过去还是将来，也不管是在国内还是在国外，只要有这样的人出现，他们就能够像明星一样闪耀，哪怕他们没有刻意去寻找机会，机会也会主动找上门来。

1. 猪就是这样笨死的

初入职场的你应该已经知道，在竞争激烈的职场，应聘单位看重应聘者的工作经验也从不忽视工作效率。

初入职场的你，需要具备高效工作的能力。所谓高效工作的能力是指能够对时间进行科学的管理，对工作进行合理安排，在有效的时间里高质量地完成工作的一种能力，具体表现为：

如果决定进行某项工作，就不再拖延，并确保预期的效果。一件事可以在 1 小时内完成，就不会拖延到 2 小时。

具有管理项目的能力，确保项目工作目标明确、职责清晰、工作量安排合理。

围栏里关着一头猪和一条狗，在围栏的一端有一个踏板，每踩一下踏板，在远离踏板的另一端的投食口就会落下少量食物。如果猪去踩踏板，狗就有机会抢先吃到另一端落下的食物。同样，如果狗去踩踏板的话，猪就可以坐享其成。

结果猪为了争到更多的食物，拼命地去踩踏板。而狗并不急于去踩踏板，只是舒舒服服地坐在那里，等猪一踩踏板，食物一落下来，它就冲过去把食物据为己有，当猪气喘吁吁地从踏板跑到食槽时，食物早已成为狗的腹中餐了。于是，猪只得再去踩踏板。如此这般，猪奔忙于踏板和食槽之间，累得筋疲力尽却始终得不到一口食物。

是的，办事不讲方法和效率，就会像那头笨死的猪一样费力不讨好，而聪明的人无论做什么事情，总是讲究方法，效率至上，办起事情来不仅省时省力，而且事半功倍。

“一分耕耘，一分收获”，“天道酬勤”，我们从小就受着这样的教育，因此，我们从骨子里面都认为“努力就能成功”，“努力”、“勤奋”成了我们的座右铭，因此，我们整天像笨猪一样忙忙碌碌，常年忍受着劳累，但这样做就一定能事业有成吗？就一定会获得美满生活所需要的一切吗？答案就像笨猪得不到食物一样显而易见。我们可以执著追求，但有效的方法和高效的执行无疑是不可或缺的。

2. 工作因快乐而高效

工作不仅是为了满足生存的需要，同时也是实现个人人生价值的需要，一个人总不能无所事事地终老一生，应该试着将自己的爱好与所从事的工作结合起来，无论做什么，都要乐在其中，而且要真心热爱自己所做的事。

成功者乐于工作，并且能将这份喜悦传递给他人，使大家不由自主地接近他们，乐于与他们相处或共事。人生最有意义的就是工作，与同事相处是一种缘分，与顾客、生意伙伴见面是一种乐趣。

有人曾说：“只有通过工作，才能保证精神的健康；在工作中进行思考，工作才是件快乐的事。两者密不可分。”

即使你的处境再不尽如人意，也不应该厌恶自己的工作，世界上再也找不出比这更糟糕的事情了。如果环境迫使你不得不做一些令人乏味的工作，你应该想方设法使之充满乐趣。用这种积极的态度投入工作，无论做什么，都会很容易取得良好的效果。

人可以通过工作来学习，可以通过工作来获取经验、知识和信心。你对工作投入的热情越多、决心越大，工作效率就越高。当你抱有这样的热情时，上班就不再是一件苦差事，就会有许多人愿意聘请你来做你所喜欢的事。工作是为了自己更快乐，如果你每天工作八小时，你就等于在快乐地游泳，这是一件多么合算的事情呢。

许多大公司的员工，他们拥有渊博的知识，受过专业的训练，他们朝九晚五穿行在写字楼里，有一份令人羡慕的工作，拿一份不菲的薪水，但是他们并不快乐。他们是一群孤独的人，不喜欢与人交流；他们视工作如紧箍咒，仅仅是为了生存而不得不出来工作；他们精神紧张，常常患胃溃疡和神经官能症，他们的健康真是令人担忧。

一个人工作时，如果能以精益求精的态度、火焰般的热忱，充分发挥自己的特长，那么不论做什么样的工作，都不会觉得辛劳。如果我们能以满腔的热忱去做最平凡的工作，也能成为最精巧的艺术家；如果以冷淡的态度去做最不平凡的工作，也绝不可能成为艺术家。各行各业都有发展才能的机会，实在没有哪一项工作是可以藐视的。

心态就是内心的态度，是自己对客观世界的一种反应习惯或思考模式，心态决定你做事的态度及效率，也是你是否成功，是否能够有幸福感，能否融入他人的基石。好的心态应该是这样：无论碰到什么事都以一种兵来将挡水来土掩的态度去面对，特别是对那些自己极不情愿但又不得不接受的事情时，更以一种洒脱和大度，积极地去应对、去适应，把这当做对“不经磨难不成佛”的一种实践，把这当做是自己人生经历中的一段插曲。

玛丽给了她的儿子亨利无价的礼物——教他如何实现最伟大的价值。玛丽在工作一天之后，总要花一段时间做义务保姆工作，帮助不幸的人们。她常常对儿子说：“亨利，不工作就不可能完成任何事情。我没有什么可留给你的，只有一份无价的礼物：工作的欢乐。”

如果你掌握了这样一条积极的法则，如果你将个人兴趣和自己的工作结合在一起，你的工作将不会显得辛苦和单调。兴趣会使你的整个身体充满活力，使你在睡眠时间不到平时的一半、工作量增加两三倍的情况下，依然觉得干劲十足。

3. 因专注而高效

自信和欲望是成功的重要因素，专心就是要把意识集中在某个特定的欲望上的行为，并要一直集中到找出实现这个欲望的方法，而且已经成功地将之付诸实际行动为止。

尼采说：“具有专注力的人可免予一切窘困!”很多公司成功源于专注，很多人成功亦如此。

英特尔的成功，是因为它专注于芯片；微软的成功，是因为它专注于操作系统；诺基亚的成功，是因为它专注于手机；IBM的成功，是因为它专注于硬件、软件和服务。

盛大陈天桥因专注于游戏声名显赫，后来因心有旁骛上马数字家庭，差点走向冰点。如今，他又重新专注于游戏，效益出奇的好。乔布斯专注于数字娱乐，他推出的iPod和iPhone风靡全球，甚至像中国的IT名人雷军先生都毫不掩饰地说："iPhone就是好，你要是说它不好用的话，原因只有一个，是你落伍了!"

美国斯坦福大学的一项科学研究结果显示，能够同时干好几件事情的"一心多用者"，不但不能把事情做得和其他人一样好，而且还会因为不能专注于一件事情和经常被打断注意力从而导致工作效率低下和思维能力大幅降低。

这一研究的目的原本是为了发现一心多用者的能力程度。专家对100名大学生进行了三项测试，结果发现，那些时刻被多种电子信息包围的学生无法像其他专注于一件事情的学生那样集中注意力，同时他们的记忆力下降，而且不能将手头的各项工作轻松转换调整，并顺利完成。

在目前电子信息发展很快的时代里，面临事情更多、时间更少的世界，人们时刻被电子邮件、文件、手机短信等信息包围，长时间的紧张忙碌，越来越多的人被迫一心多用，所以这项研究结果及时给刚工作没几年的你提了个醒，多想古人总结出来的这个词：专心致志。

在美国，每当黑莓手机新品上市的时候，粉丝们都要排长队抢购。纽约营业厅曾出现过"风暴"手机不到1小时就被抢购一空，未能如愿以偿的人群迟迟不肯离去的现象。

在手机和笔记本竞争如此激烈的市场，黑莓为何有如此大的魅力?

曾任RIM公司（黑莓手机制造商）中国区市场总监的李彤先生说："黑莓之所以如此火暴，除了技术不断创新、不断满足客户需求外，主要是因为公司长期以来的专注。我们把产品销售和客户支持交给最了解当地客户的运营商，比如在中国就交给了中国移动。我们提供的邮件系统比其他厂商的好，邮件推送速度也是最快的。"

在电子邮件刚刚兴起的时候，RIM公司的创始人迈克还是加拿大滑铁卢大学的在校生，那时他就开始研究邮件系统，经过十几年不懈的努力，在20世纪90年代末，首款黑莓手机推向市场。

如今，RIM公司已经成为世界顶尖的、把手机和邮件紧紧融合在一起的移动办公解决方案提供商。而黑莓成了美国现任总统奥巴马的挚爱，也是很多大公司总裁和高级白领不可或缺的手持设备。目前，在全球150多个国家和地区有425家运营商在运营黑莓手机，用户数超过2100万。

迈克因为专注所以快速，所以高效，所以，刚工作没几年的你想要在竞争中获胜，专注或许不会成功，但不专注一定不高效，也就不会成功。

第二节　视珍惜时间为信念

一个不会管理时间的人，他生命中的许多时光处在一种浪费状态中，并随时可能会浪费他人的时间。一个会管理时间的人，总能泰然自若地待人处事，将应处理的事、应完成的事在自己规定的时间内完成，非常有效率。

1. 管理有限的时间

高效的职业人士有一个共同特点，他们都是管理时间的高手，而低效率的工作人员则无一例外地都不善于管理时间。学会管理自己有限的时间，在某种程度上可以说，也是为了更好地在有限的工作生涯里享受。

出生于维也纳的"现代管理学之父"彼得·德鲁克曾说过："时间是最高贵而有限的资源，不能管理时间，便什么都不能管理。对时间的管理直接关系到工作效率的高低。"

每个人每天所能支配的时间是24小时，为什么有些人在完成任务时工作效率很高，而有些人却在为做同样的事情拼命地争取时间呢?

其实，最重要的是对时间的管理。那些无法掌控时间的人，每天都像是无头苍蝇一样没有方向，做事也很随意，忙碌了却没有什么成果，而那些对时间管理严格的人，他们能够更好地掌控工作、生活，他们知道每一天应该做什么、怎么做，哪些重要，哪些次要。可以看出，时间管理对于高效工作的重要性。

在上海组织的一个模拟求职训练营中，曾对500多名复旦、交大、同济、上外、财大的应届毕业生的时间管理能力等进行了测试。其中，时间管理的测试题是：

如果你是一个农产品贸易公司的中层管理者，早晨8:30上班，中午休息1小时，下午5:30下班，今天需要处理7件事情：

第一，处理当天紧急事情，需要1小时；

第二，有谣传说公司的产品有质量问题，处理投诉需要2小时；

第三，和公司总监沟通需要4小时；

第四，和总经理一起吃工作餐需要1小时；

第五，编写下一年度的预算报告需要2~3天时间；

第六，处理前一天未处理完毕的事宜需要1小时；

第七，准备下午开会的材料需要30分钟。

你会如何安排自己一天的工作流程？

测试结果显示，九成大学生将一天的工作流程安排到深夜12点，这可能会导致大学生工作头几年工作效率低下。大多数人没有很好地利用时间，也因此就产生了人与人之间的差别。你要知道如果有件事你每天要花30分钟时间去做，在你一生当中那或许就是一年。“人是被自己打败的”，其道理就是如此。

如果你整天在办公室忙忙碌碌，走来走去，书桌上各种公文及资料堆积如山，似乎每天都有忙不完的工作。但实际上你是在对时间的管理上产生了偏差，由此造成工作效率的低下。你不是忙得没有时间，而是没有管理好自己的时间。你不应被动地被时间牵着鼻子走，而应主动地掌控时间，让有限的时间发挥更大的效用。

2. 争分夺秒做时间的主人

17世纪捷克教育家扬·阿姆斯·夸美纽斯，作为人类教育史上里程碑式的人物曾在《大教学论》中讲道：“时间应分配得精密，使每年、每月、每天和每小时都有它的特殊任务。”

喜欢统计的美国人，对人生各种活动所占的时间作了一番统计。倘若人的寿命为70年，一位居住在城里的美国人，他的时间开支大致如下：

看电视5.8年，打电话3.5年，步行2.3年，乘车与旅行3.5年，娱乐与体育活动5.8年，用餐（含准备时间）7年，谈话、交友23年，睡眠20年以上。

人若能工作40年，实际累计的工作时间在一生中还不到9年（每年以1900小时算）。

人的一生无法利用而浪费的零星时间至少在7年以上。与一百年前相比，睡眠减少了15年，零星时间的浪费减少了2年以上，用餐减少1年。所节省下来的时间，大都被电视、电话、娱乐所占用了。

依此看来，人一生工作的时间如此短暂，在工作中争分夺秒很有必要。

很多MBA学生都谨记：如果你不是在破晓时起床，你就有必要重新考虑想成为CEO的个人目标。《财富》杂志曾采访了12位公司高管，倾听他们在工作的责任性和复杂性越来越高时是如何充分利用时间的。

Google女副总裁Marissa Mayer：充分利用电脑。每天从10点开始在电脑前连续14个小时发邮件，每天处理700～800封工作邮件。为明晰任务，准备好任务清单文件，上面同时记载着与自己工作上有接触和联系的同事的名单，以及他们正在做什么、期望他们做什么。但在Google计划往往不如变化快，因此必须具备高度的速度敏感性。不要总是处理信息，要在过程中找到享受的感觉。每4个月进行一次为期一周的旅行。

星巴克咖啡在全球每5个小时就开一家分店，霍华德·舒尔茨用全球时区来做时间管理区隔：清早与上午，他专注欧洲的事务；接下来的时间留给美国业务；晚上就和亚洲通信联系。

法国雷诺与日本日产汽车CEO戈恩每个月都要飞日本与法国一次，每个月的第一周在巴黎、第三周在日本。因为时间有限，他规定每个会议都不能超过一个半小时，一半时间报告、一半时间讨论。

高盛的鲍尔森也以掌握时间精准而闻名。如果晚上有应酬，要在6点半开始，8点半以前结束。这样他才能10点就上床睡觉，第二天早上5点半起床运动。

世界出版巨头哈波·柯林斯公司的首席执行官简·弗里德曼是一个对邮件上瘾的人。早饭时看、会议间歇看、不管多晚回家都会再用1～2个小时看邮件。很多人只是不停地删除，但除非是垃圾邮件，否则他会浏览所有信件，即使是没有任何建议的信。他曾收到一位12岁中国小女孩的信，并将信转给儿童部门，现在公司正准备出版她的书《雪鸟》。

人的一生绝大部分时间都是在工作，我们必须想方设法掌控好自己的工作时间。当你在有限的工作时间内，将所有预定的工作全部做完而且井井有条，不再觉得有许多忙不完的事，不再觉得工作纷繁复杂，还需要经常加班加点，不再会遗忘某些重要事情，那么，恭喜你，你已经有效地掌控了自己的时间，成了时间的主人。

3. 零散时间能成就卓越

爱因斯坦在关于零散时间的问题上曾经说过："人的差异在于零散时间。零散时间生产着人才，也生产着懒汉、酒鬼、牌迷、赌徒，由此不仅使工作业绩有别，也区分出高低优劣的人生境界。"

从前，有两个和尚分别住在相邻两座山上的庙里。这两座山之间有一条河，两个和尚每天都会在同一时间下山去河边挑水，久而久之便成了好朋友。

不知不觉五年过去了，有一天左边这座山的和尚没有下山挑水。右边那座山的和尚心想："他大概睡过头了。"因此就没太在意。谁知接下来的一星期，左边这座山的和尚还是没有下山挑水。

右边那座山的和尚心想："他可能生病了，我要过去看望他，看看能帮上什么忙。"当他看到老友之后，大吃一惊，因为他的老友正在练习南拳北腿，一点儿也不像一个星期没喝水的样子。

他好奇地问："你已经一个星期没下山挑水了，难道你可以不用喝水吗?"朋友带他走到庙的后院，指着一口井说："这五年来，我每天都会抽空挖这口井，虽然有时很忙，但能挖多少算多少。如今我终于挖出了水，我就不必再下山挑水去了，可以有更多的时间练我喜欢的南拳北腿了。"

正所谓白天求生存，晚上求发展。五年来，左边山上的和尚利用零散时间挖了口井，终于可以不必为年龄大时挑不动水没有水喝而担心了。在现实生活中，无论现在我们工作怎样，都要充分利用零散时间，充实自己，只有这样才不会为以后没有水喝而忧愁。零散时间可安排一些休闲活动，但还是要有计划地读书学习，把它用到"正事"上，积少成多，聚沙成塔，努力干出成绩。

数学界曾经出现过一道与哥德巴赫猜想一样叫人头疼的难题，就是2的67次方减1到底是不是人们猜想的质数。1903年，英国数学家科尔登上数学学会讲坛，通过一番令人信服的运算论证，成功破解了这一难题，在数学领域取得了出类拔萃的成就。在热烈的掌声中，有人问科尔："您论证这个课题前后共花了多少时间?”科尔回答：“三年内的全部星期天。”

正是“星期天”这个人人皆有的零散时间，被科尔积零为整，充分利用起来，从而成就了一位卓越的数学家。

鲁迅先生在评价自己的写作成就时曾轻松地说：“我只不过是把别人用来喝咖啡的时间用在了写作上。”鲁迅先生的零散时间大多是在“随便翻翻”“消闲的读书”中度过的。他的许多文章，包括有些很重要的文章，就是在“随便翻翻”中萌发出来的。

著名数学家苏步青把点滴时间称为“零头布”，他就是利用两年多的“零头布”写出了16万字的专著《仿射微分几何》。

初入职场的你若想成功，就必须懂得珍惜和利用好零散时间。把零散时间用到与工作有关的方面，使之作为“正业”的补充和延续；还可以用到健康的零散爱好上，丰富零散生活，从而提高工作效率。

第三节 最佳方案还须规划

所谓最佳方案，必是经过多次的调整和修改规划，在不断地完善中形成的。工作中高效的实现，是离不开最佳方案的，那么工作也就需要进行规划。制订的计划应为能力所及是取得高效的最佳选择，当然，完成规划的前提是需要有所准备和确立目标。

1. 规划应为能力所及

美国某公司董事长曾说道："你应当计划你的工作，在这方面所花的时间是值得的。如果没有计划，你始终不会成为一个工作有效率的人。工作效率的中心问题是你对工作计划得如何，而不是你如何努力工作。"

美国一家公司的董事长约翰每天清晨7点之前准时来到办公室，先是默读15分钟经营、管理和哲学的书籍，然后便全神贯注地开始思考本年度内不同阶段中必须完成的重要工作以及所需采取的措施和必要的制度。接着就是重点考虑一周的工作，他把本周内所要做的几件事情一一列在黑板上。

大约在8点钟，他在餐厅与秘书共进咖啡时，就把这些考虑好的事情商量一番，然后作出决定，由秘书具体操办。约翰工作有计划，做事不忙乱，极大地提高了公司的工作效率，引起了美国管理界的高度重视和赞扬。约翰说："你应当计划你的工作，在这方面所花的时间是值得的。如果没有计划，你始终不会成为一个工作有效率的人。工作效率的中心问题是：你对工作计划得如何，而不是你如何努力工作。"

工作头几年，每个人都要认识到做出合理计划的重要性。工作有目标和计划，做起事来才能有条理，你的时间就会被充分利用，不会扰乱自己的神志，办事效率也极高。

工作过度而吃力的真正原因并不是工作太多，而实在是没有计划，没有系统。那些习惯毫无计划地工作的人，总是这样想：“我必须工作，我必须工作，我必须工作。”可是，没有计划，你很可能被一些不在计划之内的事缠身，而该做的事却做不完。

你可以把所要做的事情排出一个顺序，拟定一个计划表，尽力按着计划表去做。如果你的工作只需一小时做完，便要在一小时之内完成它，其余的时间去玩乐放松。

美国总统罗斯福是一个注重计划的人。他时时把他所要做的事都记下来，然后拟定一个计划表，规定自己在某时间内做某事。如此，他便按时做各项事。通过他的办公日程表可以看出，从上午9点钟与夫人在白宫草坪上散步起，至晚上招待客人吃饭等为止，整整一天他总是有事做的。当到该睡觉的时候，因为该做的事都做了，所以他能完全撇开心中的一切忧虑和思考，放心地去睡觉。

细心计划自己的工作，这是罗斯福之所以办事有效率的秘诀。但在制订计划的时候，必须考虑计划的弹性。不能将计划制订得超出能力范围，而应留有余地。如果你每天的计划都订得满满的而没有预留出机动时间，那么，在你执行临时任务时，就必然会挤占你业已计划好的工作时间，原计划就不得不延期了。久而久之，你的计划失去了严谨性，在上司的眼中，你就不是一个很高效的员工。

2. 提前作准备方能实现高效

《中庸》讲：“凡事预则立，不预则废；言前定，则不塞；事前定，则不困；行前定，则不疚；道前定，则不穷。”

说话提前有准备就不会自乱方寸，做事提前有决定就不会头绪不清，行动提前有安排就不会慌里慌张，道路选定以前有目标就不会举棋不定。

曾经有一位著名的活动家说：“我无论与谁谈判，在此时此地此事上应该怎样说，以及对方大概会怎样回答我，我又应当怎样回答对方，等等，许许多多问题，在没有考虑妥当以前，我是情愿在他门外徘徊几小时，甚至回家思索几天，等到有把握以后，才会与对方会晤谈判的。”

任何一位伟大的事业成功的人，不是成功于他成功的时候，而是成功于他距成功很久以前的许多时间、许多事件。

一个人大到经营一种前无古人、后无来者的天下大事业，小到仅仅关系到一两个人的小事，如果不预先有准备，尤其是严格的准备，或是多方面的准备，就不能满足自己愿望，难以有成就。

俾斯麦无论大小事情的计划，经常是花很长时间才作好准备，甚至在几年前就有所考虑。他在估计到一切事件的价值、变化情况后，便谨小慎微地作多方面充分的预计，再画上适当的路线，在计划决定了以后，就会选择适当的时机全力以赴去做。

有人评论俾斯麦在进军罗马以前，早就计划好夺取意大利的政权。而俾斯麦也承认说："我们的发展，在于平常对军事、政治方面，都有周密的计划和强大的实力准备，所以才有以后进军罗马与夺取政权的成果。"

在欧洲战争尚未爆发以前，因为兴登堡与威廉出现了两次不和而告退，所以俾斯麦才有以后在欧洲战场、远东战场上的成功。他大部分时间都生活在那里的森林与湖水之间精心筹划，甚至许多细节问题都想到了，所以才有后来大量消灭俄军的军事建树。

有个名叫约翰·戈达德的美国人，当他15岁的时候，就把自己一生要做的事情列了一份清单，被称做"生命清单"。在这份排列有序的清单中，他给自己列出了所要攻克的127个具体目标。比如，探索尼罗河、攀登喜马拉雅山、读完莎士比亚的著作、写一本书等。在44年后，他以超人的毅力和非凡的勇气，在与命运的艰苦抗争中，终于按计划，一步一步地实现了106个目标，成为一名卓有成就的电影制片人、作家和演说家。

初入职场的你，首先应该通过分析预测设定一个工作目标；第二步是周期性地制定工作进程，明确工作的优先次序、工作的轻重缓急；第三步加强对时间管理的控制。在制订计划过程中，应该务实，不能凭空捏造，工作目标应该简单明确，工作次序要分清，优先做要事而不是做急事，做事不是越多越好，而是越有效越好。

中国有句老话："吃不穷，喝不穷，没有计划就受穷。"尽量按照自己的目标，有计划地做事，这样可以提高工作效率，快速实现目标。

3. 飞黄腾达离不开目标准确

俗语讲："马壮车好不如方向对。""光是忙碌是不够的。问题在于：我们到底在忙些什么？”美国自然主义作家亨利大卫梭罗如是说。

春秋战国时期，有位夫子备了很多物品，欲前往南方楚国，便向路人问路，路人答：“此路非往楚国。”夫子说：“我的马很壮，没关系。”路人又再强调这不是去楚国的方向，夫子依然固执地说：“我的车很坚固。”路人只好叹息地说：“这不是往楚国的方向啊！”

可见方向错误，再怎么努力都枉然。

林肯曾经认为：“喷泉的高度不会超过它的源头，一个人的事业也是这样，他的成就绝不会超过自己的规划。”

事业之旅好比乘着一趟列车。雄心大志的人携带属于自己的目标，加上才华、勤奋、机遇，就像乘上了一趟高速火车，在有限的生命时间里，一定会走得最远，他所欣赏到的职场景色也一定是最壮观雄奇甚至是险峻的。志大才疏的人在生命的某个时间段也会像坐上快车一样，只是有可能突然会慢下来或停住。

没有明确目标和方向的人也能挤上一班列车，但是车速就会慢得惊人，更要命的是，车行到中途，突然来了个穿黑色制服的乘务员抓起此人的行李和身体，扔出车外。而此时车外是茫茫黑夜，荒山野岭。这正是职场中失去方向的人最终被淘汰的悲惨结局。

“对不起，在人生的道路上，你下岗了！”而此时，你已经人过中年，本来想安逸地坐到终点站的想法无情地破灭了，再想在站台上换另一班车，你会发现：第一，你已不在出发点的站台上；第二，铁轨上没有其他车通过，如果有，它们也不停，你根本搭乘不上。

这才是人生中最悲惨的境况。而另一些人，为什么春风得意，做什么都似乎得心应手，即使到了中年，还有很多机会。关键在于年轻时想什么、干什么。

当拿破仑还是一个少尉的时候，工作之余，他的同伴们便开始寻欢作乐，去游玩儿或找女人，他却在埋头读书，如饥似渴地读着那些对他的将来有用的东西：大炮的原理和历史、战争、哲学、文化、法律、天文、地理、气象学等，拿破仑知道自己将要乘上事业哪班车，车速有多快，为此要作什么准备。

拿破仑在执政期间，对法兰西共和国的行政和法律体制进行了重大的改革。他改革了法兰西共和国的金融结构和司法制度；创办了法兰西银行和法兰西大学；实行了法兰西共和国行政的中央集权制。

其中有一项肯定远远地超过了法兰西共和国国界，即《拿破仑法典》。此法典还与过去的法兰西共和国法律和风俗相接近到足以使法兰西共和国大众和法律界接受得了的程度。法典稳健适度，条理清晰，简洁明了，令人夸口称颂。因而此法典不仅在法兰西共和国一直得到实施，而且经过局部的修正也为许多其他国家所采用。

1793 年 8 月在土伦包围战之前他只不过是个无名小辈，一个 24 岁的非完全法兰西共和国血统的小军官；不到六年以后，年仅 30 岁的他就成为法兰西共和国的君主，他在君主的宝座上一坐就是 14 年多。如果了解拿破仑的事业规划之后，对于他的飞黄腾达的速度之快也就不足为奇了。

第四节　高效之道在于准确判断

判断是一种智慧。准确地判断，有利于我们掌握事物的发展趋势，并作出正确决策。刚工作没几年的你，对自己的工作有了准确的判断后，就如同多了二郎神一样的慧眼，会透过一切扑朔迷离的迷雾，清晰地看到事物的真实本质。并因此而做到明察秋毫，运筹帷幄，实现高效。

1. 管理有序才能高效

潜能成功学家史蒂芬·柯维说："有效的管理是要先后有序。在决定哪些是'首要之事'以后，时刻把它们放在首位就是管理了。"

首要与次要的区分就要依赖一个人的判断。

美国《财富》杂志曾经有一个报道高级主管是如何分身有术的例子。高级主管的一天是十分忙碌的，一个接一个的会议，电话不断，很多的研讨会，甚至吃饭时也有人来作汇报。这些高级主管们，既要有宏观的眼光去思考公司的长远大计，又要聚精会神地盯着公司的各类琐事。他们是怎样轻松高效地工作的呢?

先看下面的一个故事：

有一次教授在上课的时候，在桌子上放了一个空罐子，然后又拿出一些可以从罐子口放进罐子里的鹅卵石。

教授把石块放完后问他的学生："你们说，这个罐子是不是满的?"

"是!"学生们异口同声地说。

"真的吗?"

教授笑着问。然后又拿出一袋碎石子，把碎石子从罐口倒进去，摇一摇。再问："你们说，这个罐子现在是不是满的?"这次他的学生不敢回答得太快。最后班上有位女生怯生生地细声回答："也许没有满吧!"

"很好。"教授说完后，又拿出一袋沙子，慢慢地倒进罐子里。倒完后再问学生："现在你们告诉我，这个罐子是不是满的呢?"

"没有满。"这次大家学乖了，很有信心的回答。

"好极了。"教授一再称赞这些学生们。

最后，他拿出一大瓶水，把水倒进看起来已经被鹅卵石、小碎石与沙子填满的罐子。

当这些事情都做完后，教授又问班上的同学："我们从上面这些事情得到什么启示呢?"

班上一片沉默，最后一位同学说："是不是说我们无论工作多忙、行程多么满，如果要逼一下的话，还是可以做很多事情的。"

教授笑着说："答案不错，但并不是最重要的。我想告诉你们最重要的信息是，如果你不决定先把大的鹅卵石放进罐子里，也许以后永远没有机会把它们再放进去了。"

刚工作没几年的你，必须依靠判断力决策出哪些事情重要、哪些事情不重要，区分轻重缓急，做好分工协调，依照"要务优于急务，选择优先速度"的原则，排定日常工作的优先顺序，依次"排队刷卡上车"才能实现工作的高效。

2. 准备好才能赢得一切

在西安交通大学通信专业毕业后，何咏仪在半个月里没找到合适的工作。迫于生计，只得带着点尴尬进入快餐店打工。

不久，何咏仪开始给写字楼的白领送餐。一次，她听到白领们对一个送餐员发牢骚，对订的餐很不满意。

何咏仪眼前一亮，认为这是一个绝好的商机。有的快餐店认为白领们要求高，主动放弃了送餐业务，她可以把这些业务接过来，按白领们的要求去送餐。

从此，何咏仪每次送快餐，都会详细记下对方的电话、用餐口味和个人禁忌。春节临近，店里放假，何咏仪留在西安作快餐市场调查。冒着严寒，她记录下名称、电话、餐饮风格和快餐价位。

何咏仪心里酝酿着新的快餐运作模式："我可以做一个快餐中转站，收集各种风味快餐，提供给公司的白领，从中赚取差价。"何咏仪在东桃园村找到一间20平方米的门面房，然后找了两个打工仔送餐。

她开始打电话给各个写字楼寻找业务。很多都是老客户，加之很多快餐店还没上班，她拿到了100份订单。

何咏仪很快根据订单的要求，找到了需要的快餐店。老板一听何咏仪要50份，答应给个优惠价格。随后，她又去另一家饭馆，预订了50份特色菜。饭菜送到，何咏仪穿上工作服，和员工一起外送。当天，何咏仪净赚150元钱。

春节过后，快餐店的竞争日益激烈，她干脆亲自上门推销。面对质疑的目光，她从容地拿出自己记录的快餐店手册，说："你们想吃任何口味，我都可以满足。送餐及时，保证营养，还能经常变换花样！"

不少公司最初抱着尝试的态度，但一试下来，果然不错，纷纷取消原来的订餐。一个月下来，何咏仪外送的盒饭达到3600多份，利润达到2000多元。

为了吸引白领，一方面，她寻找到更多各具风味、干净又便宜的小饭馆，让快餐店手册日益丰富，白领有更多选择；另一方面，她到各公司发放调查问卷，统计白领最爱吃和最想吃的饭菜，然后自己设计新菜单，交给饭馆去做。

何咏仪渐渐被写字楼的白领们所熟悉。到2004年底，快餐店年利润已经突破100万元，并从小店面升级为"西安柒彩虹餐饮有限公司"。

现在，工作步上正轨，为了不荒废专业，何咏仪又应聘到某知名电信公司上班，身兼两职。每天早上9点，她准时打电话给各个快餐店，预订特色菜，11点整，公司的工作人员统一着装往各个公司送饭。

何咏仪能够从竞争激烈的快餐店市场脱颖而出，与她的提前准备、搜集信息是分不开的。没有调查或许她也不会产生新的运营模式。不打无准备之仗，不做无把握之事，充分的准备工作是我们做任何事情的前提，是高效完成事情的坚强后盾。

你是不是一个有主见的人，这与你是否具有睿智的判断力是分不开的。除了强大的自信心外，我们还要勤于思考和善于调查研究，这对于我们是否能够准确判断是至关重要的。心急吃不了热豆腐，判断是需要一个过程的，需要循序渐进，然后才能"水落石出"。

3. 不要把时间浪费在懊悔上

"人非圣贤，孰能无过。"工作现实中，初入职场的你犯错是不可避免的。

你或许会犯很多错，经常弄混事情，迷失方向，忘东忘西。尤其在一些简单的工作事务上犯错，会让自己惊慌失措，唯恐失去来之不易的工作岗位。

然而，初入职场的你要知道，你可能会犯的最大一个错误就是不能原谅，尤其是不能原谅自己。你不断地提醒自己现在所犯的错与过去的失误，你甚至预计未来会犯的错。繁忙的工作时间，在心里你苛责自己，经常对自己失望，无情地批判自己。你愈是责骂自己，愈会在无形中变成了自己最可怕的敌人。

不肯原谅自己是很愚蠢又荒谬的事。生命并没有为我们配备一本防愚蠢手册。但我们并不完美，只要我们都在尽力而为即可。事实上，年轻的你一天天在进步，你从错误与跌倒中学习。而你所能达到的最好境界是，在任何时刻，做任何事时，都尽我所能去做。没有任何人，能精通人生这门学问，驾驭自如。

一个人之所以会是个快乐而高效的职场人士，是因为他学会原谅自己的错而绝非不犯错误。能如此善待自己的人总是对自己说："因为我犯了太多的错，所以有很多次练习的机会，机会多了经验就来了，有了经验就有了高效的实践保障，有了高效就不会被时代淘汰。"

拥有这样的工作观的人对完美的标准跟一般人一样高，因此这种自我原谅的态度与所谓的降低标准水平是完全无关的。面对过失就应该在实际操作中吸取教训，但倘若背上思想包袱，并不能达到吸取经验后的高效。

换句话说，当你犯错的时候，无论是多么蠢的错，都应该保持幽默感和冷静的自我判断：首要的事情是去解决问题而不是在这个错误上问责，毕竟相对来说，在问题没有处理好之前这是小事。问题解决之后再为件小事抓狂，排在后面的大事被耽搁的可能性就大了。

第五节　将高效培养为习惯

你想做时间的主人，可是你习惯性地成为它的奴隶；你也不想失去，可是你没有习惯在错误中总结经验；即使你强，两者都做了，但又未付诸行动，那么，你永远也不会与高效结缘。

1. 养成利用时间的习惯

工作头几年，每天的生活就像是上紧发条的时钟，忙碌的上班族每天都有打理不完的琐事，既影响了心情，又降低了劳动效率。

大多数人无法如期完成工作的原因，是他们被时间打发了，不知道利用时间。他们把该办的事、该回的电话全忘了，自己应该发出去的信不知怎么还压在办公桌的抽屉里，没办法准时交差。

要把事情整理得井井有条，其实很简单，一旦上了轨道，你会发现要保持这种习惯并不困难。到了你确定清理书桌的那天，请把门关上，准备好垃圾桶，你桌上至少有60%的东西都可以扔掉。

看你的文件盒，也别忘了把你贴在墙上、电脑屏幕上的不干胶便条都仔细看过。要是你再勤快一点，何不大刀阔斧，把小边柜、窗台，还有其他你可能把档案顺手一搁的地方，都一并清理干净。

待你一切就绪，手边应该就会有一叠档案夹放置着你想留着的文件，你的桌上只会剩下笔记本、电话和电脑而已。

办公桌上杂乱无章，会让你觉得自己有堆积如山的工作要做，可又毫无头绪，好像根本没时间做或做不完一样。面对大量的繁杂工作，再大的工作热情也会被冲淡，还会让你感到疲惫不堪，从而降低了办公室生活的质量。

美国芝加哥西北铁路公司前总裁罗兰·威廉姆斯每天埋头在办公室里，处理着好像没完没了的工作。他第一次到心理咨询诊所的时候，已处在精神崩溃的边缘，他的脸上写满了焦虑、紧张。他告诉医生，在他的办公室里有三张大写字台，上面堆满了东西，他每天都把全部的精力投入到工作中，可工作似乎永远都干不完。

在与心理咨询处医生仔细地交谈以后，他回到办公室的第一件事就是清理办公桌，最后只留一张写字台，当天的事当天必须处理完毕。从此，他就再也感觉不到没完没了的工作压力了，工作效率也提高了，身体也逐渐恢复了健康。

混乱会造成不该有的干扰，降低工作效率。环视你的办公室，看看哪里是造成混乱的根源。它可能是一条乱拉的电话线，也可能是一个放在过道上的盒子，或是办公桌上一台已经损坏了的设备。将用不着的东西移出视野之外，将不再使用的东西扔掉。

有一位老板来拜访卡耐基，看到他干净整洁的办公桌感到很惊讶。他问："卡耐基先生，你没处理的信件放在哪儿呢？"卡耐基说："我所有的信件都处理完了。"

"那你今天没干的事情又推给谁了呢？"老板又追问。"我所有的事情都处理完了。"看到他困惑的神态，卡耐基微笑着解释说："我知道所需要处理的事情很多，但我的精力有限，一次只能处理一件事情，于是我就按照所要处理的事情的重要性，列一个顺序表，然后依序处理。"

如果将善于利用时间视为一种习惯，按照科学的方法，经过一番训练，时间、精力都能发挥最大的作用，可以用来做更有效率、成果更好的事，所得的回报自然相对提高，获得更多的利益。这也正是迈向成功之路的秘诀。

2. 总结与反省助你实现高效

无论做任何事情，都要学会总结，学会反思，当你站在想的那个瞬间，你可能会收获到意想不到的效果，你可能洞察到事情的本质，你可能找到了一条高效捷径，你可能距离成功又近了一步。

在我们的工作中及时总结经验教训和得失成败，是不断改进工作方法，保持强劲动力，确保进步、避免失败的有效措施和途径。以下这个故事也说明了总结的重要性。

从前，在一个国家里，有一位做了无数善事的善心者。因为他的善举，国王非常尊敬他，便封他为圣者。

有一天圣者过八十太寿，国王前来庆贺，特别带来一位画家，想借画家的笔，将这位圣者慈祥的容貌画下来，作为世人的典范。

在用完晚餐之后，众多的嘉宾都前来观赏这幅慈爱的画像。当画家将这幅画像拿出来的时候，所有人都大吃一惊。因为画里的人根本没有慈善的面貌，反而充满了暴戾、粗野、邪恶的气息。

国王一看，生气地要人把画家拖出去鞭打。

这时，圣者听到了惊呼声，跑了出来，当他看到这幅画像后，就跪倒在地："皇上！这画里的人，才是真实的我啊！"

国王惊诧地问："为什么"

圣者道："这就是我一生挣扎着，不想去做的那个人啊！"

在这世上，没有天生的圣者，唯有能时时刻刻自我反省、自我总结的人，才能成为圣者。

这个世界上，也没有天生就成功的人。只有那些时时刻刻都能自我反省、自我监视的人，才能成为赢家。

工作头几年，年轻人不免会碰到挫折、失败。聪明人能够从失败中寻找教训，总结经验，所以他们才能够成功。

联想集团成立之初，是由几个人凑了20多万建立的一个小公司。可就是这么点钱，在开始做生意不久，就被一个客户骗走了10多万，公司一下子陷入了困境。虽然后来大家齐心协力，共同度过了困境，可其中有一个副总却落下了心脏病的毛病，到现在仍然受不得惊吓。

这件事对联想的教训非常大，柳传志进行了深刻的反思。正是因为柳传志善于总结教训和经验，后来的联想虽然又遇到过许多被骗的时候，但在柳传志的带领下，都一一化解掉了。正如柳传志在复旦大学作演讲时所说，创业是一件好事情，但必须要学会总结经验和教训，不然总会遇到问题的。

"人定胜天"不只是一句豪言壮语，还是对人类的无穷潜力的肯定。在一个时间观念浓厚，效率优先的职场中，"铁杵磨成针"的笨法子显然并不可用。我们不一定要走捷径，但却必须找到那个最能实现效率的方法，那就是必须学会总结。

许多公司每到年底时候，总会进行各种各样的工作总结。这本来是一件好事情，可也有许多公司，或者许多个人，在做总结时流于形式，报喜不报忧，好处尽量夸大，缺陷则尽量掩盖，完全抹杀了总结本身的含义。

成功的经验自然需要总结，但失败的教训也更需要总结。一个总是在同一个地方跌倒的人，是很难成功的。眼睛总是盯着前方，而不偶尔地回头看一下自己走过的路，也很容易滑到失败的边缘。

3. 培养立即行动的习惯

孙子在《孙子兵法》中所说的“兵者”是指战争、军事，而面对职场，亦如战场，你的一切行动也就如同是在进行战争布局。你在职场之中的任何行动都好比是在进行军事行动，关系到你的安危和利益，你绝对要重视和认真对待，就如同打仗一样来不得半点马虎和敷衍，你如果不重视，你就会失去立足之地。

你对工作投入的思考必须比你认识到的多得多，但是又比你所担心的工作量少得多。就像彼得·德鲁克所描写的那样：“在知识工作中，任务没有被指定，它需要被确定。‘这项工作的预期成果是什么？’这是一个提高知识工作者工作效率的关键性问题。这个问题可能导致一些极具风险性的决定。通常，没有正确的答案，只有不同的选择。想要获取高效益，一定要明确地认定预期结果。”

要弄清人们工作生活中涌现出的各种事物的真实面目，要决定为此需要采取的种种行动，都将消耗人们大量的精力。因此，许多人都对此产生了抵触情绪。然而事实上，思考后果是促使希望转化为现实的最为有效的手段之一。

你几乎可以像训练运动员那样来训练你自己，在“知识工作”中表现得快速、敏捷、积极主动和精力集中。你可以更加积极有效地思考问题，轻松自如地控制事态的发展。你可以使形形色色的闲杂琐事减少到最低程度，完成更多的工作，而消耗较小的精力。

然而，在你未达到这一境界之前，你也必须通过不断的修炼，将立即行动变成你的习惯，才真正会化为你的行动。

你首先需要培养一个习惯：在大脑中不留任何事情。正如我们已经看到的那样，通过管理时间、信息或者重要事情，都无法实现这一目标。管理行动是一个重大的挑战，很多好的观念、原则，我们知道是一回事，但知道了是否能做到是另一码事。这中间必须架起一座桥，这桥便是将计划、想法转化为行动的习惯。

日本小说家村上春树曾经在随笔中推荐美国侦探小说家雷蒙德·钱德勒的工作模式，他管这种模式叫“钱德勒方式”。

所谓“钱德勒方式”就是每天在一张各种办公工具准备妥当的桌子前坚持度过一定的时间。

村上春树写道：“倘这两个小时能挥笔写出文章，自然无任何问题；但不可能那么顺利，一行也写不出的日子也是有的。有时想写却死活写不出而索性放一边去，又有时压根儿没心思写，还有时直觉告诉你今天最好什么都别写——那种时刻如何是好呢？钱德勒告诉我们：纵然一行都写不出，也务必坐在写字台前，反正要在写字台前度过两个小时！”

这种强制性的办法其实意在培养长期的工作习惯，等于是让工作成为一种自然而然的身体习惯。一旦养成习惯，遇到挫折或干扰，也不会动摇工作的信心。

工作头几年，人人都是战士，都在为自己的理想和目标战斗着，工作应该在既有轨道上推进，而不能指望不知何时才会光顾的灵感。

第六节　成功简化即为高效

简单不是叫你偷懒，将工作简化是你处理问题能力的一种体现。其实有时候工作本也简单，只是你在瞎忙罢了。

1. 回电话比打电话高效

对大多数职场人来说，电话是生命必需品，万不可缺。没有了电话，工作简直就进行不下去了。然而，从另一方面来看，不论你从事什么样的工作，电话也很可能会成为打岔或压力的来源之一。有时候我们好像总是在打电话。而我们一边打电话时，很难一边将工作做好。这时我们对打电话来的那个人就会产生一种怨恨与焦虑感。

在一位经理的办公室中电话铃响了。经理立刻咆哮起来："这鬼电话一天到晚响个不停！"然后他拿起电话，开始了一段长达十五分钟的谈话。等他终了挂上电话时，他看起来既沮丧又精疲力竭。

下一次电话又响起来时，他总是跟进入办公室等待的人道歉。他承认他有很多事都做不完，跟他必须接大量的电话有关。

朋友建议他某段时间中不要接电话，这个建议让他愕然，但他同意了。结果这样一个小小的改变不但让他轻松下来，也使他的工作做得更好了。就跟大多数人一样，他并不是需要好几小时不被干扰的时间，但一阵子总是需要的。他不再接电话，而是回电话，同时能主动将谈话的时间缩短。他会这么说："我只有两分钟时间，不过我会给你回个电话。"

我们确实很依赖电话，也大量而广泛地使用电话。如果你是柜台服务员，或是接线员、推销员，这样的策略对你可能并不实用。但是对其他大多数的人来说，这却是救命的良方。

你可以用不同的方法来设定这样的策略。试着在一天当中会有一个固定的时间将电话铃声关掉，除非是事前约好或紧急事故，否则不接任何电话。这让你有时间毫无干扰地集中心神放在跟你工作最密切相关的事情上。

当然也有许多人因为公司政策的要求，不得不接电话，于是接电话是他们工作的一部分，这样在运用这个策略时就更要有技巧了。或许你可以早一点到办公室，在正式工作时间开始之前先关掉电话，或是在下班之后这么做。

周女士就是在午餐时间将电话关掉，让电话留言替她挡一下电话，她便可以做一些自己的工作。因为她在午餐时间工作，就可以提早下班，一天的工作时间显得太长，而她也争取到一些可以专心做事的时间。

如果你是在家工作，这样的策略就更好用，也更容易实施了。你只要做个简单的决定，在某段时间不回电话，这样你就会有机会与时间将自己要做的事做完。

这个策略并不容易执行，最好为家人、亲近的朋友与几个工作伙伴设立一支专线处理紧急电话或个人的重要电话。不过，就算你在执行这个策略时遭到许多阻碍，你最后还是会发现一切都是值得的。

在工作中，年轻的你不可能期待只有少数几通电话的干扰，有人发现在不被干扰的时间中一个人能完成两倍甚至三倍的工作量。工作头几年，要高效工作就从减少接听电话开始吧。

2. 让科技成为你的帮手

新格无线通讯执行长史帝芬·卡特说："如果你不了解科技，就永远不可能让科技成为你的帮手。"

一般人认为，CEO 的生活这么忙碌，企业要与时俱进，一定也大量使用电子产品才能掌握信息、跟得上时代吧？但事实并非如此。

许多 CEO 只选择性地使用大家几乎不离手的电话、手机与电子邮件。在分秒必争的金融业，鲍尔森没用过电子邮件。葛洛斯不太读电子邮件，也没有手机，而且除了妻子打来的电话以外，一天只接 3～4 个电话，"我的座右铭就是，我不想被连接，想跟大家断线。" DLA 律师事务所合伙人舒曼从不开手机，因为她不是在开会就是在和客户面谈，不想被干扰。

但是多数人有他们依赖的电子配备。旅遍全球，舒尔茨的 PDA 手机则使用几乎在世界各地都可以通用的 Good Link 收信与安排、记录各种行程。至于北美流行、容易收发邮件的智能型手机黑莓，则是雷富礼的必备之物。

微软公司的老板比尔·盖茨先生平时工作的一天是守在三台电脑前，监控着自己庞大的帝国。

比尔·盖茨向 CNN 讲述了自己在信息流日益增长的今天成功保持很高工作效率的秘诀。他说，他的工作风格从他当年创立微软公司时起已经发生了根本性的改变，30 年来，他已经变成了一种所谓的“数字化风格”。

比尔·盖茨说，他现在工作更愿意一下子监控着 3 台并排而放的电脑。左边一台电脑显示的全是电子信息列表；中间一台显示的是其中一条信息的全文；右边一台是浏览器窗口。这样一来，他就能很快将看过的某段内容输入浏览器的相应地址栏，而且信息文本一直展示在眼前。

比尔·盖茨平时每天收到大约上百条信息，为此公司使用万能的过滤器来满足这一要求。他总是要求把信息按重要性程度分门别类，这样就不会让他忘记重要项目或最近安排的会晤。大家都感到十分方便的“要事日程表”，他抱以反对的态度，也根本不用。

他利用“一本通”（One Note）程序，把自己所有的记录以数字化方式保存起来。在与公司员工一起研究某个项目时，他更愿意使用 Share Point 软件系统。该系统能快速展开信息站点，从而确保使用者和工作组之间的有效协作。

他参加会晤或展览会总是拎着便携式电脑。他每年安排一次所谓的“思考周”。在这 7 天中他不上班，专门研究公司员工寄给他的上百份文件。这些文件所提的问题一般是关于微软公司未来发展和世界信息技术发展前景的问题。

互联网时代的这些产物对于职工而言就是一把“双刃剑”，网络可以说在企业管理当中发挥了巨大的沟通作用，在某些时候不仅方便实用，而且还为企业有效地节约了通信费用。当然互联网带给企业的不仅是高效的工作手段、沟通手段，同时也会或多或少影响到企业的工作秩序，工作头几年，如果你工作时间不炒股、网聊、玩网游、看视频、购物等，那么科技才是你的工作帮手，你会高效地专心于工作中重要的事情。

3. 应掌握简单工作十法

在信息庞杂、速度加快的职场环境里，初入职场的你必须在一天只有 1440 分钟的时间内，完成越来越多的事情。“保持简单”是最好的应对原则。

以下就是10种最实用、最简单的工作方法。

（1）搞清楚工作的目标与要求。你必须理清的问题包括：我现在的工作必须做出哪些改变？可否建议我，要从哪个地方开始等。

（2）懂得拒绝别人，不让额外的要求扰乱自己的工作进度。在决定你该不该答应对方的要求时，你必须考虑，如果答应了对方的要求是否会影响既有的工作进度？并且你是否真的可以达到对方要求的目标？

（3）主动提醒老板排定优先级，可大幅地减轻工作负担。

“手边的工作都已经做不完了，又丢给我一堆工作，实在是没道理。”你当然不可能同时完成这么多的工作，为什么不主动地帮助老板排定工作的优先级？你不是不做，但是凡事有先有后。你该做的是协助主管解决问题，而不是把问题推给主管。当然，更不应该自己承受问题。

（4）报告时要有自己的观点。多数人在向主管或是老板报告时，总是担心信息不够多。“万一老板问起来，答不出来，该怎么办？”“内容精简，切中要点，最重要的是能够帮助我快速地做决策。”这是约翰·维佛询问多位资深主管对于报告内容的要求时，所得出的普遍性结论。

（5）做简报时增加互动的机会。真正成功的简报在于清楚而正确地传达信息，创造沟通与对话的机会，进而让对方因为你的简报内容而改变思维、决策或是行动。

（6）有效过滤邮件和MSN、QQ信息等，让自己的注意力集中在最重要的信息上，凡与工作无关的务必要搁置。

（7）邮件回复内容尽量精简，节省写信的时间并增加对方响应的机会。“最容易阅读、理解与回复的信件，最吸引我的注意。”这是约翰逊在实施“追求简单”的研究计划时，一位资深主管对于电子邮件使用习惯的回答。

（8）当没有沟通的可能时，不要浪费时间想要改变。不论你提出什么样的想法或意见，每一次都吃了闭门羹，你就不必再浪费时间或精力做无谓的沟通或是尝试改变了。

（9）只要取得信任，不需要反复的沟通，同样可争取到你要的资源。老板对你的信任来自你解决问题的能力。所以你必须从不同的角度去思考：什么是让你的老板感到最头痛的问题？是无法依照原定计划完成，还是无法掌控情况，对于未来感到不确定？是希望员工能够做得更多，以降低成本？当你第一次提了要求时，最重要的是让老板了解你的提案，会议时间越短越好，最好不要超过15分钟。

（10）专注于工作本身，而不是业绩评价的名目，这样才能真正有好的表现。

你要做的只有以下两件事情：

至少每个月询问你的主管："我做得如何？"尽量提出具体的问题。

至少每个月询问："原先的工作安排有没有必要调整？"以便随时确定最优先的目标是哪些。

第八章

二十几你不理财，三十几财不理你

<<<——工作头几年，就要掌握财富法则

谈及理财，缺乏财经常识的年轻人第一反应就是投资股票、房产、基金、债券、期货或者合作做生意赚钱。当然，理财包括金融投资赚钱，但又不仅仅如此。赚钱只是一时的财富积累，而理财是一生的财务安排和规划。理财的最终目的不是赚多少钱，而是保证财务安全，追求财务自由。

第一节　左手储蓄，右手投资

投资可能赚也可能赔，而理财追求的是家庭或个人财务稳定安全，投资收益平稳，以及养老规划合理等。理财是战略，讲究布局、资产管理和财富配置。

1. 有钱应理财，没钱更需理财

常有人说“理财是有钱人的事儿。穷人无财，又何来理之?”其实，现在或将来想成为有钱的人就应该有目的、有计划地理财。

所谓的财务安全，初入职场的你可以通过以下几个问题得到答案：

你是否有稳定、充足的收入?

你每月消费多少人民币？都消费在哪些方面？如果突然失业，尤其是女性一时不能找到工作，是否能保证自己和家人还过着现在水准的生活?

你是否有适当的租房或者购房计划?

你是否享受社会保障？是否有适当、收益稳定的投资?

你现在有多少活期存款、定期存款和投资？十年以内一万元能够让一个普通家庭生活多久？十年后呢?

不少“月光族”的理念是：辛苦挣钱就是为了开开心心地花，理财与我无关。在不少爱消费的年轻人观念中，认为“理财”等于“节约”，进而联想到理财会降低花钱的乐趣与生活品质，没办法享美食、穿名牌，甚至被归类为小气的守财奴一族。

对于喜爱享受消费快感的年轻人来说，心理上难免会不屑于理财，或觉得离他们太遥远。钱越多，生活质量越好，享受层面越丰富，在工作之余，享受人生，是非常必要的，但如果没有计划，大手大脚乱花钱消费，会在真正需要用钱的时候变得无能为力。

也有一些年轻人特别是女性收入不低，却舍不得消费，能挣钱不会花钱，过度节约。理财的目的是为了生活得更好，过度省钱和过度储蓄同样不可取。

理财的另一个目标就是确保在自己的经济能力范围内，花同样的钱，过更高质量的生活，而不是为了未来而降低当下的生活质量。要合理运用我们手中的金钱，量入而出，适当提高生活水平，快乐幸福享受每一天。

理财不是文科科班出身的人想象的那样复杂，沃伦·巴菲特曾说，失败的投资往往是这样的：事先没有进行规划，盲目急切投资，又在不合适的价位上被迫收回投资，从而产生亏损。

投资同样需要规划，理财同样需要技巧。投资理财是对人生的丰富，是一个将判断力、知识等价值化的过程，其中包括对风险的规避，以及对所学知识、技能的综合利用，等等。理财需要一定的技巧，但更需要正确的观念、时间和耐心。只要在理财上多用点心思，你会发现理财比想象的要简单很多。

投资理财我们最大的收获绝不单单是金钱，而是对自我的肯定，是对责任的考验，是你能在多大程度上照看好你的钱，不让它们不知不觉地从指缝中漏出去。“不积跬步，无以至千里；不积小流，无以成江海”，永远不要认为自己无财可理，只要你有经济收入就应该尝试理财，那样必然会得到丰厚的回报。

2. 智慧女人拥抱幸福需要理财

“对于女性来说，幸福的含义是什么？爱的能力、梦想的权利、独立、自由，还是尊严？”在一场针对中国平安人寿400余名女性VIP客户的“女人一定要有钱——女性的理财智慧”的主题沙龙活动中，深圳君融财富管理研究院院长毛丹平博士作为主讲嘉宾提出了这样一道选择题。

最终，绝大多数听众选择了“独立、自由和尊严”作为幸福的定义，而由此也揭示出了女性理财的根本——也许生活中的幸福并不是来自金钱，但财务的窘迫、投资的失败及生活中不可知的意外事件一定会深深伤害我们的独立、自由和尊严。

经济学家萨缪尔森的著名幸福公式是：幸福＝效用/欲望。在经济学的术语中，效用就是对整个生活满意度的测量。从这个公式里不难看出，我们的欲望和幸福是成反比的。一般女性认为欲望越多，想实现它需要的钱就越多，因此也越难感到幸福。

但是，幸福的程度高低，不是简单的效用越高、欲望越低，而是应该通过管理财务资源，实现更多的目标而且获得最大的效用。“因此，好的理财计划能让我们过上幸福的生活，至少比以前感觉更幸福。”毋庸置疑，理财能够帮助女性提高获得幸福的能力和效率，但是金钱不能等同于幸福。

同为名校毕业，蓉工作后不久就远嫁日本，在一个家族当起了全职太太，而刘晓燕则凭借自己的力量，在国内做到了投行的高级管理人员。但是四年后，蓉和刘晓燕的角色却发生对调，意识到家庭重要性的刘晓燕辞工做起了全职太太，当惯了家庭主妇的蓉却归国创业，两人收获的都是幸福。

刘晓燕和蓉可以说是女人独立与依赖的最好代言人，她们在角色互换中游刃有余完全是因为她们善于经营自己、管理智慧。

她们幸福的关键是，都懂得经营自己，懂得在适当的时候转变自己。女性经营自己，一方面是要善待自己，无论是独立还是依赖都应该让周围人更懂得爱护你、更懂得尊重你；另一方面则必须要投资自己。

其实青春和智慧都是需要投资的，由于青春是短暂的，而持久的依赖关系是脆弱不可靠的，因此，女人最重要的是投资自己的智慧。

当然，除经营自己之外，刚工作几年的女性还要做一个善于管理财富的女人。要做到这点，除了要建立正确的理财观点和习惯，还要掌握基本的财务管理技能，比如做账、读懂相关金融产品销售传单后面的真实信息等。也只有这样，无论是独立还是依赖，你才能做自己的主人，干得好和嫁得好是可以实现双赢的。

3. 与其被施压破产，不如理财

初入职场的年轻人大多数尚未摆脱高学历、低收入的蚁族人群的定格，然而波及生存的个人破产其实离我们并不遥远，因不当理财等因素造成的“一贫如洗”将会严重影响到你的生活质量。没有人希望过着又忙又穷的生活，而能够摆脱这种困境的只能是学会理财的人。

职场中的很多穷忙族表现得意志消沉，经常发出这样的“天问”：为什么我总感觉有那么多的负担？你或许发现有些人越忙越穷，而有些人却有钱又有闲，殊不知有钱有闲者拥有正确的理财观念、科学的理财方法以及良好的理财习惯，而你还没有。

很多时候，我们感到生活压力那么大，是因为我们没有对人生进行正确的规划。其实，即使你面临再大的困难，也没有必要消极悲观。有压力就要找到压力的来源。那么，最有效的让你不会感觉压力越来越大的办法就是学会理财。

理财就是财富管理，金钱是财富，人生也是一种财富，广义的理财其实是对人生财富的管理。人们会把理财和投资混为一谈，其实理财是人生的规划，投资规划只是人生规划的一部分。不理财，压力将越来越大，你越晚学会理财，你感觉到的生活压力就会越大。你一定要规划好人生不同阶段的支出，做好理财规划，因为：

首先，房价的增幅远高于工资水平提高的速度。如今，房市走高是大趋势，上涨的幅度已远远超过了我们收入增长的幅度。广大蚁族人群不想"啃老"、"傍老"，不做房奴但不等于两个人可以在公租房住一辈子。岳母的"先房后婚"大关足足可以给你带来犹如窒息般的压力。

其次，费用飙涨，抚养孩子成长不是易事，教育储备金也越来越高。无论你是否已经为人父母，以后都会面临供养孩子上学的问题。如果你现在不学会理财，待孩子开始上学时，你会觉得压力如巨石般压在心头。仅以读大学为例，考大学容易，但不断调涨的大学学费让很多工薪阶层的父母亲大喊吃不消。除此之外，孩子的接受教育的时限被现实拉长了，读研考博是必然。

最后，老了怎么办？指望退休金已经不现实了。想要知道退休之后的各种收入能否满足养老所需，最重要的是要计算"所得替代率"，它是指领薪水一族退休之后的养老金领取水平与退休前工资收入水平之间的比率。

假设退休人员领取的每月平均养老金为1000元，如果他去年还在职场工作，领取的月收入是3000元，那么退休人员的养老金所得替代率为：(1000÷3000)×100%≈33%。在过去，已经退休者由于当时的利率尚高，通胀仍低，财富累积较快较稳，因此所得替代率通常能够维持在60%~70%，所以在正常情形下，他们仍旧能维持过去的生活水平。但现在环境不同了，物价年年涨，但薪资的上涨幅度却远远跟不上物价上涨的速度。

可见，仅这几个原因，就足以让刚工作没几年的你感受到了未来的压力，明白到理财规划的重要性了。

第二节　搭建理财金字塔

理财就像准备搭配合理的营养早餐，整个框架是稳定的，才不会危及家庭的财产安全，理财产品合理搭配，才能保障健康地理财。

1. 领取“万能钥匙”再进财门

对于“一个女人怀胎十个月可以产下一个婴儿，请问十个女人怀胎一个月可以产下几个婴儿”这样的问题，如果不假思索地回答，相信多数年轻人凭借第一感觉给出的答案是“一个”。而正确的答案是“一个也生不了”。因为婴儿在肚子里待十月是生育规律，任何人都必须遵守的。

同样，理财投资也有规律。因为我们见过太多人盲目地投资，比如在股票高位时盲目冲进去，在房价最高时去进行房地产投资，结果损失惨重。其实他们只要掌握了三把投资的万能钥匙，许多损失都是可以避免的。

这三把钥匙分别是价值投资、分散投资、长期投资。

价值投资就是说你要买得物有所值，一件东西值多少钱，就花多少钱。相信世界上没有谁愿意充当冤大头。除非他钱多得发烧，自己难受。价值投资也很需要精明的判断和勇气。当疯牛病到来时，你怎么能判断“牛魔王公司”就一定可以不大伤元气？

世界上最成功的投资大师沃伦·巴菲特说：“评估投资价值，不是看某个行业是否有利可图，而是看具体公司的竞争优势及看其能保持这个优势多久，从而给投资者带来足够的回报。”你照这么做，没错的。

分散组合投资就是不要把所有的鸡蛋放在同一个篮子里，要不然，篮子一旦遭遇不测，所有的鸡蛋都碎了。但分散投资不是盲目的，而是有共通的分散标准和原则。一般来说，在金融品种上要分散，存款放一些、股票买一些、债券购一份、黄金备一些，因为不同金融品种的风险不一样，有时可以互相抵消。在同一个金融品种里也可以分散，比如买不同类型的股票和寿命不同的债券，等等。

长期投资理念就是说手脚不要太勤快了，总追逐热点，这样就会捡了芝麻丢了西瓜，因为许多投资品种的价值只有长期才能显示出来。俗话说“千年的媳妇熬成婆”就是这个道理。你如果整天在市场里进进出出，挣的钱可能还不够付手续费的，很多人其实就是这样。

沃伦·巴菲特说：“如果你没有持有一种股票十年的准备，那么连十分钟都不要持有这种股票。”理财是一场马拉松比赛，而不是百米冲刺，世界上并没有财富的传奇，只有越早越好的理财征途，以时间积累财富，以复利倍增金钱，人人都可以成为百万富翁。

如果用一句话总结投资，就是“低买高卖”，同时尽量规避风险。只不过“高点”、“低点”不那么容易发现，且因为“财性”各异，不同投资品种的高低点也难以同时出现，甚至有时是完全相反的。世界上不存在什么三天就会的理财诀窍，更不可能有什么保赚不赔的理财通道。而欲规避风险，对于小老百姓最好的一招就是设立“止损点”和“赢利点”，大势不好要坚决舍得割肉，赢时也要舍得抛。

2. “利滚利”成就百万富翁

复利是一种利息计算方式，是用钱生钱的奥秘所在。爱因斯坦把复利看做是世界第八大奇迹，看做是世界上最具威力的武器。从投资的角度来看，以复利计算的投资报酬效果是相当惊人的。许多人都知道复利计算的公式：本利和 = 本金 × $(1+\text{利率})^{\text{期数}}$。采用复利的方式来投资，最后的报酬是每期报酬率加上本金后，不断相乘的结果，期数越长（越早开始），获利就越大。复利的效果，通俗点来说就是“利滚利”，将每期投资的收益合并到本金中，继续投资赚取回报。

在“时间 + 复利”的作用下，创造一个百万富翁是很有可能的。

1926 年一个名叫乔恩的普通美国人出生了。小乔恩的父母给他投资购买了 800 美元的美国中小企业发展指数基金。当乔恩年老去世时，那始终没动的 800 美元投资变成了价值 384.24 万美元！

在投资时，除了报酬率之外，还有一项很重要的决定因素，就是时间。许多人理财得法，并不是他们选择了能够获得暴利的投资工具，只是利用一些稳健的投资渠道，按部就班地进行。重要的是，他们比别人早了几步开始，并且复利起到了至关重要的作用。

假定同龄人夏超和朱超，都以定期定额的方式每年存入2000元用于投资基金，假定基金投资的年平均回报率为9%。不同的是，夏超是从22岁就开始投资，只连续定投9年后31岁就停止投资，全部累计投资金额才用1.8万元。而朱超比夏超晚9年，从31岁才开始投资，并且不间断地定投了30年，直到60岁累计投入金额最终达6万元。你猜夏超和朱超都到60岁时，谁的账户里财富更多？实际上，夏超60岁时账户里的财富更多，达358614元。而尽管朱超投入的累计本金更大，而那时他账户里的财富却只有297150元。

如此看来，时间复利的作用表现得非常明显，这也就是通常所说到的金钱的时间价值。只要长期持有，时间越久，复利效果将会越明显。同时，还要记住一条原则：不要间断。间断投资，会让你的前期投资收效大打折扣。

3. 持平常心对待“投资有风险”

在牛市中，我们看到了财富效应带来的疯狂。当你看到别人在赚钱的时候，不免会心动。结果会看到很多对金融理财一无所知的人，半夜起来排队等银行发售新基金。把成千上万的钱抛到一个完全未知的领域去。对于刚参加工作没几年的年轻人有限的财富积蓄来说是件很恐怖的事情。

每个银行、每个证券公司都在宣告“投资有风险”。但很少有人仔细地体会“投资有风险”这句话，很少有人时刻牢记“投资有风险”这句话。可是，这句话确实是投资中第一要铭刻在心的事情。

风险，就是对未来损失的可能的不确定性。也就是说，投资中可能是会亏损的，而且这种亏损可能会很大。其实只要有一年以上投资经验的人，基本上都有过亏损的经历。没有包赚不赔的事情。

无论你有多少绝密的内部消息，无论给你推荐基金的人是你多信赖的朋友，无论预测大师多么灵验，无论市场多么火热，或者说即便是上帝告诉你下个月的指数是多少点，也请千万记住：投资有风险！因为上帝也可能改主意并忘记通知你。

我们知道，风险和收益一般是成正比的。目前投资市场上常见的八种投资产品，按照风险和收益的高低可分成低中高三大类，当然这只是参考性的。因为很多投资品种相互交叉包容，比如买成长型板块的基金风险可能就比买蓝筹股的股票要高。而房地产投资有时风险就非常巨大。

为了更形象地说明它们各自的特点，我们用十二生肖中的九种来比喻。比如银行存款安全稳定，像可爱的猪一样；而债券定期支付利息，如下蛋的老母鸡；而股票市场天生就爱“牛”怕“熊”；基金就跟千里马一样省心；保险是主要用来起保障作用的，可以预防人生的意外；而期货与风险密切相关，需要有“狗”来看好风险之门；而外汇投资，对手遍天下，每个人就像一只羊那样软弱；而龙是神圣至高无上的，就像黄金一样贵重无比。

在对以上八种投资产品有了一定了解之后，你要做的首先是清查家底，在安排完必要的固定支出费用后，看看自己究竟有多少“闲钱”可以用来投资，绝对不赞成用“活命钱”投资，因为这样心态就不容易摆正。其次，要明确目标，是养老、孩子教育还是买房？它们需要多少钱才能实现？目标要反复多次地思考，你可以和家人一起，也可以去找银行或其他专业人士。

当然这不是绝对的。龙生九子，各有不同，每个人情况不一，可以术业有专攻。如果对某个金融品种投资操作得心应手不妨加大其投资比例，没必要千人一面，只有一种组合。

同时，你需要不断去评估调整你的理财计划，要把握好经济周期和投资之间的关系。俗话说“大河有水小河满，大河没水小河干”，所有投资都脱离不了国家整体的经济发展对其的影响。各投资品种性格不一样，有些与经济发展共成长，而有些却喜欢唱对台戏。不同的经济周期投资的侧重点就不太一样，比如经济好时，可多投成长型的股票、房地产等；不好时，侧重银行存款、债券和黄金等。

第三节　遏制财务“亚健康”

懂得理财，你的个人和家庭财务就处于健康状态；如果不懂得理财，使自己成为穷忙族、“月光族”或者高薪贫族，你在财务上就已处于亚健康状态；如果你挥霍无度，借贷无度，从而导致债台高筑甚至个人破产，就是患上了财务重症。

1. 你的财务是“亚健康”吗

富闲族为什么能赢得更多的做自己喜欢做的事的自由呢？因为他们懂得量入而出，懂得精打细算。懂得把钱花在该花的地方上，而不是随意挥霍。收入高并不会让你成为真正的富人。只有学会量入而出，才能真正成为富闲的人。

要摆脱“穷忙”，就一定要学会富人的投资智慧，让手中的钱“动”起来，以钱赚钱，为自己“生”出更多的财富。

工作头几年，多数年轻人随着中国资本市场的逐步完善，逐渐具备了鲜明的投资意识和投资动机。但作为投资者，如金融知识匮乏，特别是对金融产品风险认识严重不足，投资盲目倾向明显，则会导致系统风险累积较高，投资者收益情况不理想等状况，因财商不高而使个人和家庭的财富管理陷入“亚健康”状态。在《2009 年中国城市居民财富亚健康报告》中，国人理财呈现六大“亚健康”症状值得年轻人警惕。

家庭保障不足：45.4% 的受访者的保障资金占比低于家庭资产的 10%。超过 15% 的家庭保障充裕，这部分基本为高收入人群，由于风险防范意识强或者出于保证退休后生活水平、做好遗产规划等考虑，而增加家庭保障资金的比重。

收入来源形式单一：单一的收入导致财务自由度过低。有 70% 的受访者属于收入单一群体。此种亚健康状态是隐性的，该群体在工作稳定时不会受到影响，但是一旦发生特殊状况，收入中断，其个人和家庭都很可能会因为没有资金来源陷入瘫痪状态。

盈余状况不佳：33%的人节余比例低于10%，基本上可以称为“月光族”，而消费比例高于60%的人有46%之多。调查数据显示，盈余状况不佳的主要为年轻人群（20~30岁），其他年龄层次则较少出现此种状况。

资产流动性过低或过高：大部分人对于资产流动性的把握并不重视，或者流动性过高，或者流动性比率过低。受访者中流动性比率过高的约占38%；过于不足的占37.9%，而反映个人财富总体流动性的付比率（流动资产/负债总额）也大体呈现同样分布。

净投资资产与净资产比值不合理：受访者中该比值处于合适值域的仅占34%，甚至有43%的人群该比值低于10%，而该比值在50%左右为理想指标。过低很难达到资产增值目的，要缩减理财目标达成所花费的时间；而该比例如果过高，投资目标的不明确则容易带来过大风险。

负债比率过高：接近30%的受访者家庭负债比率高于40%，高负债比率无疑会让他们的生活质量严重下降。更可怕的情况是，遭遇金融危机有可能使家庭收入减少而影响还债，被加收罚息直至被银行冻结或收回抵押房产。

2. 九步摆脱理财“亚健康”

刚工作没几年的你，倘若存在理财“亚健康”，不妨对症下药，尽早解救自己。

步骤一：下决心“自己”理财

普天下的人都知道一个道理“钱能生钱”，意即“钱”追“钱”总比“人”追“钱”来得快捷有效。生活中我们常因“清仓大减价”、“免年费信用卡”等诱因控制不住花钱的欲望，一次又一次地错过储蓄“第一桶金”最好的时机。只有下定決心“自己”理财，才算是迈开成功理财的第一步。

步骤二：排除恶性负债，控制良性负债

既然已经下定决心自己理财，就要将你自身的财务独立起来。这里所说的“财务独立”是指“排除恶性负债、控制良性负债、学习理财投资”。

恶性负债是指人力不可控制的负债，例如生病、车祸等，这些事件引起的负债都属于恶性。这种情况下，如果买了保险就可以降低因意外所招致的损失，从而避免恶性负债。所以财务独立的第一步就是买一份适合自己的保险。良性负债就是指你可以控制的负债，如生活费、子女教育费、房屋贷款等。

步骤三：从事理性的投资

所谓理性投资，即投资者了解所欲投资目标的内涵与欲取得合理报酬而需进行的投资行为。独立理财要强调理性投资的重要性，避免因为投资不当导致出现严重负债的情况。理性、正确的投资不但可以将“收入”大于“支出”的差距扩大，使你的财务真正独立，并且能协助你达成人生的目标。

步骤四：设定个人财务目标及实行计划

理财目标最好数字化。计算你自己每月可存下多少钱、要选择投资回报率是多少的投资工具和预计多少时间可以达到目标。建议你第一个目标最好不要定得太高，所要达到的时间在2~3年为宜。

步骤五：养成良好的理财习惯

生活理财最常见的方式就是强迫自己每天存一笔钱到存钱筒里，而这个存钱筒最好是透明的，并每天记录下存款数目。生活理财的第二步，是培养记账的习惯。

步骤六：定期检视成果

事前控制：设定理财目标，拟定达成目标的步骤。比如：衡量目标设定是否合理，是否有配合你个人人生的阶段目标等。

事中控制：“记账”就是在事中进行控制的工作。你可以从自己的记账记录中得知道你个人日常生活金钱运作的状况，当你发现现金流动有异常的状况时，可以随时知道并作出调整。

事后控制：计划完成时所做的得失检验结果，也是另一阶段规划所必须参考的重要资料。

步骤七：加入理财的讨论团体

网络的兴起，理财网站的不断建立，提供了散户许多可利用的理财工具，例如线上分析软件、公司财务报表及研究报告、论坛及聊天室等。

步骤八：策略随年改变

经济学家 Franco Modigliani 所提出的生命周期假设，对确定个人理财目标和策略有着指导性的作用。人生在少年及老年期，由于没有工作能力，支出必然大于收入。至于壮年期，应懂得为将来（老年期）打算，随着收入和储蓄相应增加，投资策略也须作出相应调整。

步骤九：理财要智商也要情商

在社会转型和经济变动的外部环境影响下，你的财富管理应从“理财智商”领域延伸至“理财情商”领域，通过打造更健康、更和谐、更可持续发展的家庭财务关系，通过健康的理财赢得幸福、健康的人生！

3. 理财不要穷忙更不要月光

财富亚健康：一种财富状态介于健康与疾病之间的功能低下状态。都市现代人理财正在遭遇困惑，一方面，是理财意识正在逐渐被唤醒，另一方面，则是理财无方，呈现“亚健康”状态。

“钱不是万能的，但没有钱是万万不能的”。从货币诞生的那一天算起，人类的日常生产、生活活动就离不了它。但面对金钱，面对财富，正确的观念需要加以培养、引导。身为刚工作没几年的职场一员，或许从以下案例和点评中能找到属于你的理财之路。

刘新颖在一家广告公司担任经理，工作内容就是带领手下的员工，为礼仪庆典活动放大型氢气球和固定充气拱门。这样的业务，因存在着不安全因素，在大城市里已基本绝迹。其对航空飞行器可能造成的影响，以及氢气的高易燃、易爆性，让大城市的城市管理部门不得不对其严加管控。逢年过节，活动比较多，刘新颖就会更紧张，脑子里不停地计算，人手如何调配、如何才能在活动开始前布置完毕、如何保证达到客户满意。身体的劳累只是一方面，手续的不完备，让刘新颖和城管部门打交道成为“家常便饭”。

过度的劳累，让刘新颖对这份收入颇高的工作时常产生厌倦，但如何改变，她并没有明确的思路。如果不继续做，就失掉了经济来源，但缺少高学历和知识的支撑，让她没有勇气尝试转行。她也曾考虑过把积累下的资产进行投资，但投向哪里，却始终没有答案。朋友告诉她可以买一些黄金，但她还是拿不定主意，折中的结果，是买了够粗的金链子挂在脖子上。

刘新颖是刚工作没几年的年轻人中典型的“穷忙族”，只知道自己卖力赚钱，却不懂得让钱生钱。像她这类的年轻人应该作好基金投资规划和保险规划。

孙磊磊在一家知名软件公司任工程师，主要工作是在项目小组中和其他同事一起从事开发、测试以及售后服务工作。孙磊磊酷爱玩大型攻略游戏，在他看来，玩游戏可以帮助自己更好地培养对计算机学科的兴趣。而游戏中，道具的价格不断刷新。大把撒钱的结果，使得他成为标准的“月光”一族。吃住靠父母，“啃老”成为无奈的选择。

他后来谈恋爱了，经济压力更是加大了，本指望公司能够加薪，但受企业效益的影响，公司原先所承诺的加薪，一时难以实现。玩游戏时间过长，还对身体造成了伤害，孙磊磊明显感觉到最近体力大不如以前。身体和金钱的双重压力，让他意识到问题的严重性，但业已形成的习惯，暂时难以从根本上得到改变。

不良消费与生活习惯导致收入不低的孙磊磊成为“月光”一族，对游戏的偏好还对他的工作、生活产生了不良影响，因此，像孙磊磊这样的年轻人的理财习惯需要从生活习惯的改变开始。他应该减少玩游戏的时间、精力以及金钱花费占比；强制自己储蓄；从每月的收入中固定抽出一定的资金进行基金定投，为将来结婚、买房等开销作准备；将更多的精力投入到工作中；改变生活与消费习惯。

第四节　为幸福储蓄定海神针

在这个理财方式日新月异的时代，银行普通储蓄依然是大多数人理财的重要方式。不过储蓄已经不再只是把钱存入银行这么简单了，循规蹈矩的零存整取已经落伍了，而“多单整存”则可以不受漏存的限制。

1. “多单整存”收益高

进行普通储蓄也有技巧，这里面也包含了一定的“技术性”。如果大家能根据自身的实际情况选择用不同的方式存钱，不仅不会影响资金运用的灵活性，还可以为自己带来更高的收益。

第一种方法是阶梯存储法

将资金平分3份，分别开设1年至3年期的定期存单。1年后用到期的存单再开设3年期存单，以此类推。以5万元为例，2万元存活期，便于随时支取。3万元中，分别存1年期、2年期、3年期定期各1万元。1年后，将到期的1万元再存3年期。以此类推，3年后持有的存单则全部为3年期的，只是到期的年限不同，依次相差1年。

这种方法可使年度储蓄到期额保持平衡，既能应对储蓄利率的调整，又可获取3年期存款的高利息，适宜工薪家庭为子女积累教育基金。

第二种方法是连月存储法

按月将定额资金存成定期，以1年为周期存满12张。次年将资金与第一张存单本息汇总后再进行下一轮储蓄，按此循环。一年后第一张存单到期，便可取出储蓄本息，再凑个整数，进行下一轮的周期储蓄，依此循环往复，你手头始终是12张存单，每月都可有一定数额的资金收益，储蓄额流动增加，家庭积蓄也随之增多。

此储蓄法较为灵活，每月存储额可视家庭经济收益而定，无须固定。这是适合工薪阶层的存储法，月月发，月月存，收益高于零存整取。一旦有资金急需用，只要支取到期或近期所存的储蓄就可以了，这样可以减少利息损失。

第三种方法是组合存储法

这是一种本息与零存整取组合的储蓄方法。如果你有5万元，可以先存放于存本取息储蓄户头，一个月后，取出存本取息储蓄的第一笔利息，再开设一个零存整取储蓄户头，随后将每月的利息零存整取。这样不仅可以得到存本取息储蓄利息，而且存入零存整取储蓄户头后又获得了利息。

第四种方法是四分储蓄法

将资金拆为由少至多的金额，分别按3个月、6个月、12个月、24个月等期限存入。如果你有1万元，可分存成4张定期存单，存额应注意呈梯形，以适应急需时不同的数额，即将1万元分别存成1000元、2000元、3000元、4000元4张一年期定期存单。

按这种存法，假如你在一年内需要动用2000元，就只需支取2000元的存单，而避免了“牵一发而动全身”的弊端，从而减少利息损失。这个方式适用有资金使用需求，但不确定使用时间的客户。

2. 要知道储蓄的新产品

“发工资后，不就是到银行存定期、活期之类的玩意儿，哪来那么多讲究?”当被问及是如何管理自己的工资账户时，参加工作3年多的孙康宁满脸的疑问。孙康宁说自己的钱就在一张工资卡上，平时没怎么管，只是等到金额大了就转存定期。

“像孙先生这样的大有人在，其实，这部分人只要适当调整存款策略，到一定时期也会得到一笔不少的利息，”北京银行金融理财师韩婷婷说，“比如约定转存和通知型存款就与一般的银行存款有很大的不同。”

很多银行都推出了“约定转存”业务，只要你和银行事先约定好备用金额，超过部分就会自动转存为定期存款。崔婷婷说：“千万别小看这项业务，只要利用好了，不但不会影响日常生活，还能在不知不觉中为你带来利润。”

以北京银行的约定转存为例。如果你现在有11000元的储蓄存款，全部以活期形式存在银行，一年应得利息为：$11000\times0.36\%=39.6$元。

如果你选择约定转存，由于该行此项业务的办理起点为1000元。那么你可以与银行约定好，1000元存活期，超过部分存一年定期。那么，这11000元在无形中就被分成了1000元的活期和10000元的一年定期。

一年下来，你应得利息为：$1000\times0.36\%+10000\times2.52\%=3.6+252=$

255.6 元。两者相比，后者应得利息约是前者的 6.45 倍。

与约定转存不同，个人通知存款是一种不约定存期，支取时需提前通知银行，约定支取日期和金额方能支取的存款。通知存款是一种期限较短，存取比较方便的存款方式，通常分为 1 天通知存款和 7 天通知存款。通知存款的币种为人民币。银行“1 天通知存款”和“7 天通知存款”的年利率一般是活期存款的 2～4 倍。

对于“7 天通知存款”，银行将以 7 天为一周期自动转存并计算复利，所以很多投资者觉得这样的存款业务和活、定期存款相比起来，是比较实惠的。而当储户想要取款的时候，需提前 7 天通知银行约定取款，若逾期取款的话利息将按照活期存款的利率计息。

例如，某储户当日将 5 万元人民币存为“7 天通知存款”，次日通知银行 7 天后取款，结果 10 天之后该储户才来取款，那么该储户支取部分的利息就是“7 天通知存款”利息加上 3 天的活期储蓄利息。如果储户不通知银行提前提取存款的话，支取部分利息也将按照活期储蓄的利率计息。“7 天通知存款”还要求取款后账户内余额须大于等于 5 万元。也就是说，如果只办理 5 万元的“通知存款”业务，首先就要提前 7 天通知银行取款，另外须将 5 万元全部取出才能享受到通知存款的利率计息。但假设投资者办理 6 万元的“通知存款”，银行将不会限制储户取款金额，但要求储户取款后账户余额须是 5 万元或 5 万元以上。

工作头几年，不要保守地进行“死活期”存储了，善用约定转存、通知存款，你将有更多的收获。你的财富积累是否也达到了约定转存、个人通知存款的基本要求了呢？如果达到了，就赶快行动吧！

3. 一点不多刷，刚刚好

刚工作没几年的你，想必也是持卡族中的一员。如今，持卡族越来越多，如果仅仅把银行卡当做是存取款的工具，那简直是太“冤枉”它们了。其实从普通的借记卡到可以“先消费，后还款”的信用卡，都各具特色，若使用得当，不仅可以享受多多便捷，还可以帮持卡人省钱，实现个人理财的目的，充分享受现代“卡式”生活。

招数一：巧用信用卡汇款不花钱

与普通的储蓄卡不同，许多银行的信用卡异地存款可以免收手续费，比如建行、工行的国际信用卡等，灵活利用好这一政策可以达到免费汇款的目的。如果有个人汇款、生意往来等资金转移的需求，你就可以通过对方的信用卡汇款，只要凭对方的信用卡号就可在本地同系统银行存款，资金可以即时到账。

这种“汇款”方式无论汇多少次、汇多大金额都是免费的，对经常给亲属汇款或生意资金往来频繁的人来说最适合不过。不过要提醒一句，许多银行的电脑系统，在使用信用卡存款功能时，只能依据信用卡号存款，银行系统不能看到信用卡的户名，所以千万要记牢卡号，一旦存到别人账户上，追回资金可就困难了。

招数二：避免小额账户收费

许多人习惯将银行卡中的钱攒到一定金额后再转存定期存单，其实目前多数银行都开通了银行卡存款自动转存定期的功能，只要和银行签订自动理财协议，银行卡中的钱达到一定金额便可自动转存为定期，当你因取款或消费发生余额不足时，银行电脑还会自动支取一笔损失最小的定期存款。

这样不但能提高银行卡资金的收益，而且因为自动转存的定期存款也算在银行卡的项下，从而可以避免因银行卡日均余额达不到要求而被收取小额管理费。

招数三：节省跨行取款费

目前多数银行对跨行取款收取每笔两元的手续费，为了节省这项开支，可尽量选择网点和ATM数量较多的银行开户，可以减少跨行取款的机会。另外，有的银行规定每月的前三笔跨行取款是免费的，大家也可以尽量选择在这些银行办卡。

招数四：金蝉脱壳不挂失

现在，各家银行都对银行卡和存折的挂失收费，如果我们用好网上银行就可以省去挂失的麻烦。首先办理银行卡后开通免费的网上银行，然后把自己的活期存折、定期存单以及同行银行卡全部挂到网银开户的银行卡下，这样除了便于资金管理之外，此后无论是银行卡、活期存折还是定期存单丢失和忘记密码，都不用去银行挂失，在需要转出的时候，直接通过网上银行把相关账户上的钱全部转到自己名下的其他账户中就可以了。

第五节　养只“基”陪伴一生

刚工作没几年的你，在刚刚投资基金的时候，往往一看到各种基金宣传单及报纸上各种基金介绍和分类，就脑子发昏，没了方向。即使有晨星、中信等评级机构做的评级，也不太明白自己应该买哪一个品种里的哪一只基金为好。

1. 基金分类知多少

选择基金的第一步，是了解基金的种类，然后才谈得上选择适合自己的一只或多只基金，构建自己的投资组合。基金有很多种，可以根据是否开放，策略、标的不同，分为不同的类型。投资人可以依照自己的风险属性自由选择。在此，我们详细为大家介绍一下基金的种类。

根据基金单位是否可增加或赎回，投资基金可分为开放式基金和封闭式基金。开放式基金是指基金设立后，投资者可以随时申购或赎回基金单位，基金规模不固定的投资基金；封闭式基金是指基金规模在发行前已确定，在发行完毕后的规定期限内，基金规模固定不变的投资基金。

根据组织形态的不同，投资基金可分为公司型投资基金和契约型投资基金。公司型投资基金是具有共同投资目标的投资者组成以营利为目的的股份制投资公司，并将资产投资于特定对象的投资基金；契约型投资基金也称信托型投资基金，是指基金发起人依据其与基金管理人、基金托管人订立的基金契约，发行基金单位而组建的投资基金。

根据投资风险与收益的不同，投资基金可分为成长型投资基金、收入型投资基金和平衡型投资基金。成长型投资基金是指把追求资本的长期成长作为其投资目的的投资基金；收入型投资基金是指以能为投资者带来高水平的当期收入为目的的投资基金；平衡型投资基金是指以支付当期收入和追求资本的长期成长为目的的投资基金。

根据投资对象的不同，投资基金可分为股票基金、债券基金、货币市场基金、期货基金、期权基金、指数基金和认股权证基金等。

股票基金是指以股票为投资对象的投资基金；债券基金是指以债券为投资对象的投资基金；货币市场基金是指以国库券、大额银行可转让存单、商业票据、公司债券等货币市场短期有价证券为投资对象的投资基金；期货基金是指以各类期货品种为主要投资对象的投资基金；期权基金是指以能分配股利的股票期权为投资对象的投资基金；指数基金是指以某种证券市场的价格指数为投资对象的投资基金；认股权证基金是指以认股权证为投资对象的投资基金。

根据投资货币种类，投资基金可分为美元基金、日元基金和欧元基金等。美元基金是指投资于美元市场的投资基金；日元基金是指投资于日元市场的投资基金；欧元基金是指投资于欧元市场的投资基金。

此外，根据资本来源和运用地域的不同，投资基金可分为国际基金、海外基金、国内基金、国家基金和区域基金等。

国际基金是指资本来源于国内，并投资于国外市场的投资基金；海外基金也称离岸基金，是指资本来源于国外，并投资于国外市场的投资基金；国内基金是指资本来源于国内，并投资于国内市场的投资基金；国家基金是指资本来源于国外，并投资于某一特定国家的投资基金；区域基金是指投资于某个特定地区的投资基金。

2. 养“基”要有技巧

“我想投资基金，但不知道具体购买时该注意些什么?”焦小姐是一位有三年工作经验、青睐基金的“准基民”，虽然投资前已做了不少有关基金投资的“功课”，但仍觉得自己需要投资老手的指导。

购买基金的确有诀窍，刚工作没几年的你关键就是要掌握好以下一些技巧。

认购把好“时间脉”

在基金募集期内，究竟是一开始就买，还是等到募集期快结束时再买，除了考虑资金的流动性外，另一个很重要的因素就是认购期的利息收入。针对不同的基金，投资者应该选择不同的认购时间。

有些基金在其招募说明书中规定，资金在认购期内产生的利息将计入基金资产，即基金募集期内所产生的利息在所有投资者之间是按照投资额大小分摊的，如此可见认购此类基金越晚越划算。

有些基金在其招募说明书中规定，认购款项冻结期间产生的利息折算成各基金份额归投资者所有。如此一来，投资者就不用担心自己的资金在募集期内所产生的利息被别人分享了。而且投资者此时享受的利率是银行间同业存款利率，利息收益甚至高过银行定期存款的利率水平，对于这类基金，早早购买不失为明智之举。

申购也可避免损失

购买到称心的基金除了靠运气之外，更需要有一双“火眼金睛”。同一只基金，认购和申购的费率是不一样的，基金公司为了追求首发量，认购费率一般会低于申购费率。从节省手续费的角度出发，如果看好某只基金，应该尽量选择在其发行时认购。

如果采用认购的方式，万一对基金把握不准的话，也可能会踩上“地雷”。投资新手许佳就遇到过这样的情况，她认为认购基金和买原始股有类似之处，觉得认购基金肯定比申购基金划算。然而许佳却遇到了自己的基金净值“跳水”的尴尬，直到此时，她才发现认购基金也有一定的风险。

采用申购的方式尽管要多花一些手续费，却有机会观察所选的基金封闭期后的表现，让自己的投资更加有的放矢。如果该基金的走势一直低迷，投资者就有了三思而后行的机会。

交易成本有节省空间

目前一些基金代销机构的认购费率都比较优惠，但这种优惠并非人人都能享受的，一般而言，基金公司会给购买大户以一定的优惠。比如在认购费率上，某基金就规定，凡是认购100万份以上的投资者，前端认购费率可从1.2%降到0.8%。投资者手头上如果有大量的资金，不妨把握这个机会。

但对于中小投资者而言也并非没有机会。基金公司在发行新基金时，大部分的基金份额是通过委托各代销网点来销售的，基金公司会支付代销点代理费用。因此有机会的话，可以尝试一下跟代销点讨价还价，争取到一定的折扣。

选择长期持有基金而不是波段操作的投资者，还可考虑选择后端付费的方式来减少投资成本。一些基金在确定赎回费方面采取的是按照持有时间长短来决定费率的方式，持有的时间越长，申请赎回时所能获得的费率优惠就越多。

3. 投资基金有风险

作为一个从来没有进行过风险投资的人，首先投资基金是比较合适的。

懒人自有懒办法，基金就是为懒于投资的人而准备的。基金和银行存款一样方便，它是从银行存款等无风险的投资向股票等有风险投资过渡的最好的投资品种。

但任何投资行为都会有风险。投资基金的特点在于由专业人士管理，进行组合投资分散风险，但也并非绝无风险。不同种类的基金，其风险程度各异。其中受市场热捧的股票型基金受投资的股票价格波动影响大，风险与收益也相应较高。

如积极成长型的基金较稳健成长型的基金风险大，投资科技型股票的基金较指数型基金风险大，但投资此类风险大的基金收益也比较大。投资者一旦认购了投资基金，其投资风险就只能由投资者自负。基金管理人只能替投资者管理资产，但不承担根据“基金契约”或“投资协议”的条款进行投资而导致的任何投资风险。

投资基金风险主要种类如下。

流动性风险

任何一种投资工具都存在流动性风险，亦即投资人在需要卖出时面临的变现困难和不能在适当价格上变现的风险。例如开放式基金在正常情况下投资者不存在由于在适当价位找不到买家的流动性风险，但当基金面临巨额赎回或暂停赎回的极端情况时，基金投资人有可能会承担无法赎回或因净值下跌而低价赎回的风险。这就是开放式基金的流动性风险。

基金投资风险

证券投资基金本身的风险程度，因所确定的投资方向和所追求的目标不同而有所差异。如有的证券投资基金主要投资于成长潜力较强的小型股票，其风险程度较高；如有的证券投资基金主要投资于业绩稳定的股票或债券市场，其收益较稳定，风险相对较小。

投资者在进行投资时，应认真阅读基金招募说明书，对证券投资基金的性质、资金投向和基金追求的目标有比较清楚的了解，对基金的投资组合风险有一个基本的判断。

机构管理风险

由于基金的成立、运作涉及不同的机构，如托管人、会计师事务所、基金管理人等，因而存在机构管理、运作上的风险。

证券市场的各种风险

国内国际政治、经济政策的变化都会引起证券市场价格波动，这些风险直接影响着证券市场，从而也影响到基金的收益和价格。

不同种类基金的不同风险

对于开放式基金，存在申购、赎回价格未知的风险。投资人在当日申购、赎回基金单位时，所参考的单位资产净值是上一个基金交易日的数据。而对于基金单位资产净值在自上一交易日至交易当日所发生的变化，投资人无法预知，因此投资人在申购、赎回时无法知道会以什么价格成交。这种风险就是开放式基金的申购、赎回价格未知的风险。封闭式基金存在到期风险，应注意封闭型基金到期都要清盘的。而清盘价便是基金到期时净资产值，市盈率对其没有任何意义。

第六节 有“保险”才安心

保险是指投保人根据合同约定，向保险人支付保险费，保险人对于合同约定的可能发生的事故因其发生所造成的财产损失承担赔偿保险金责任，或者当被保险人死亡、伤残、疾病或者达到合同约定的年龄、期限时承担给付保险金责任的商业保险行为。

1. 买“保险”先知道

保险种类的划分，即按照一定的标准对保险业务进行归类。

按保险标的分类

这是一种最常见的分类方法，可将保险分为财产保险、人身保险、责任保险和信用保证保险四类。

财产保险。财产保险是以财产及其有关利益为保险标的的一种保险。当保险财产遭受保险责任范围内的损失时，由保险人提供经济补偿。

人身保险。人身保险是以人的寿命和身体为保险标的的保险。保险人对被保险人在保险期间因意外事故、疾病等原因导致死亡、伤残等情况，或者在保险期满后，根据保险条款的规定给付保险金。

责任保险。责任保险是以被保险人依法应负的民事损害赔偿责任或经过特别约定的合同责任作为保险标的的保险。即被保险人由于疏忽、过失行为造成他人的财产损失或人身伤亡，根据法律或合同的规定，应对受害者承担的经济赔偿责任，由保险人提供经济赔偿。

信用保证保险。信用保证保险是以各种信用行为为保险标的的保险。当义务人不履约而使权利人遭受损失时，由保险人提供经济赔偿。凡义务人应权利人的要求向保险人投保自己的信用的保险属于保证保险；凡保险人应权利人的要求担保义务人的信用的保险属于信用保险。

按风险转嫁形式分类

按风险转嫁形式分类，可将保险划分为原保险、再保险、共同保险和重复保险。

原保险是投保人与保险人之间直接签订保险合同而建立保险关系的一种保险。在原保险关系中，保险需求者将其风险转嫁给保险人，当保险标的遭受保险责任范围内的损失时，保险人直接对被保险人承担损失赔偿责任。

再保险也称分保，是保险人将其所承保的风险和责任的一部分或全部，转移给其他保险人的一种保险。转让业务的是原保险人，接受分保业务的是再保险人。这种风险转嫁方式是保险人对原始风险的纵向转嫁即第二次风险转嫁。

共同保险也称共保，是由几个保险人联合直接承保同一标的或同一风险而保险金额不超过保险标的的价值的保险，在发生赔偿责任时，其赔偿按照保险人各自承保的金额比例分摊。与再保险不同，这种风险转嫁方式是保险人对原始风险的横向转嫁，它仍属于风险的第一次转嫁。

重复保险是指投保人以同一保险标的、同一保险利益、同一保险事故分别与两个以上保险人订立保险合同的一种保险。与共同保险相同，重复保险也是保险人对原始风险的横向转嫁，也属于风险的第一次转嫁。只不过在大多数情况下，重复保险的保险金额总和超过保险价值，因此，这时各保险人的赔偿金额要按一定标准进行分摊。

还有其他分类法分，如按投保单位分，可分为团体保险和个人保险；按实施方式分，保险可分为法定保险和自愿保险；按经营保险的性质分，可将保险分为赢利保险和非赢利保险。

2. 采取“保险”原则

工作头几年，收入不稳定，一旦将来经济收入状况变差，就很难继续缴纳高额的保险费，到时如果退保会造成损失，不退保又难以维持，处于两难的尴尬境地。因此在投资保险过程中，要坚持以下原则。

量入而出

生活经验告诉我们，一个人的经济收入受到很多因素的影响，很难维持一成不变的水平。

作为一个理智的消费者，应该根据自身的年龄、职业、收入等实际情况，力所能及地适当购买人身保险，既要保证在经济上能长时期负担，又能得到应有的保障。

确定保险需要

购买适合自己或家人的人身保险，投保人有三个因素要考虑：

一是实用性。自己或家人买人身险要根据需要保障的范围来考虑。例如，无医疗保障的从业人员，买一份“重大疾病保险”。二是经济支付能力。买寿险是一种长期性的投资，每年的保费开支必须取决于自己的收入能力，一般是取家庭年储蓄或结余的10%～20%较为合适。三是选择性。在有限的经济能力下，为成人投保比为儿女投保更实际，特别是家庭的“经济支柱”都上了年纪，其健康风险比小孩子肯定要高一些。当然在有支付能力的前提下，家中每人各取所需而投保就更完美了。

重视高额损失

一旦遭受损失，其后果的严重性是衡量风险程度非常重要的一个指标。高保险金额可以使投保人得到最充分的保障，当然，其保险费自然会较高，但可以用提高免赔额的办法降低保险费率，从而抵消高保额所高出的保费。

利用免赔额

如果有些可能的损失消费者可以承担，就不必购买保险。当有些可能的损失是自己所不能承担的时候，可以将自己能够承受的部分以免赔的方式进行自留。免赔要求被保险人在保险人作出赔偿之前承担部分损失，其目的在于降低保险人的成本，从而使得低保费成为可能。对被保险人来说，由自己来承担一些小额的、经常性的损失而不购买保险是更经济的，自留能力越强，免赔额就可以越高。

合理搭配险种

投保人身保险可以在保险项目上搞个组合，如购买一个至两个主险附加意外伤害、重大疾病保险，使人得到全面保障。

在全面考虑所有需要投保的项目时，还需要进行综合安排，应避免重复投保，使用于投保的资金得到最有效的运用。例如您的工作需要经常外出旅行，那么就应该买一项专门的人身意外保险，而不要每次购买乘客人身意外保险，这样一来可以节省保费，二来在任何其他时候和情况下所出现的人身意外，也会得到赔偿。

这就是说，如果您准备购买多项保险，那么您应当尽量以综合的方式投保。因为，它可以避免各个单独保单之间可能出现的重复，从而节省保险费，得到较大的费率优惠。

3. 浅谈投“险”经验

对一个家庭来讲，要想安定平稳，建立适当的保险保障是很必要的。作者在和一些有过投保经验的人士聊天的时候发现，他们拥有很多经验，这些经验总结起来主要有三条。这三条是很多人在投保前没有注意到，而在投保后才发现的。

投保后手头要留有足够的现金

很多保险代理人在劝人购买保险的时候都会摆出这样一个概念："您应该拿出您家庭收入的10%～20%来购买保险产品，这样您得到的保障才足够充分。"而且有的代理人在帮助投保人设计保险计划的时候，往往会设计出很高额的保险产品，让投保人购买。这些代理人当然是为了卖出更多的保险产品，但对投保人来讲，未必能够接受。购买之后，隐患很多。

梁先生以前夫妻二人年收入约9万元，刨除4万元的支出，一年剩余5万元。二人都有三险一金，后来在一位保险代理人的建议下，二人购买了一系列保险产品，每年仅保费就要缴纳1.8万元。按照代理人的说法，一年不到2万元的保费支出对梁先生来讲并不构成负担。

去年，梁先生的夫人怀孕生孩子，收入立刻下降，而支出增加很多。这时，要支付每年1.8万元的保费已经很难。要退保，就要面临很大损失。

另外，投保人必须留出足够现金还有一个理由，当出事后，保险公司不一定能非常及时地赔付。如果投保人急需钱，就会非常麻烦。总之，很多钱都是这样，拿出去容易，要拿回来就不怎么容易了。如果自己手头有充裕的现金，就有的是时间去和保险公司扯皮了。

谁挣钱多就保谁

目前，大多数家庭是三口之家，也就是两个成年人带着一个孩子过日子。对大多数家庭而言，如果要给每个人都上充分的保险，那家里就剩不下什么钱了。那么先给谁保呢？最简单的原则是家里谁挣钱最多就给谁保。因为万一收入最多的人出了状况，家里的经济情况受到的影响将最大。

但目前很多保险代理人利用家长爱孩子的心理，使劲儿向投保人宣传给孩子上充足的保险的观念。

刘女士就遇到了这种情况。在刘女士的孩子还没有生下来的时候，就有保险代理人跑上门来推销保险，不但读书、创业、结婚，就连孩子70岁养老的事都替刘女士考虑到了，说是给孩子一生的爱，还有留作他一生的纪念。

刘女士认为，为孩子着想当然很重要，但在经济条件不允许的情况下保大人才更重要。在她的家庭中，2/3 的钱是刘女士的丈夫挣回来的，而且从事技术工作的他能干到 65 岁，所以家庭大部分的保险应该考虑给他买，万一有不幸的意外发生，家庭能有最低限度的保障。

不要忽略附加险

刚工作没几年的你在投保的时候不要忽略了附加险产品。附加险如果购买得好，就相当于在超市里买到打折商品一样。

张莉就是一个非常重视购买附加险的人，她会尽量多地为自己挑选与主险搭配的附加险，附加险如果与主险组合得好的话，能获得非常高的保障，而且有些险可以延续到保费交清，或者是终身。附险买得好，有些甚至能一个附险当几个主险呢。所以张莉每次都会要求代理人将所有附加险的收费、保障告诉她。

当然，附加险也不是什么都适合，大部分附加险只管当年，过期就作废，你的账户上一分钱都不会留下，比如说住院医疗险就是这样。李女士所在的单位给员工投保了补充医疗保险，因此，她根本就不考虑住院险。

第七节　有点“常识”炒股票

刚工作没几年的年轻人，投资股市之前了解股市常识是必要的，因股票形成和权益各异，其分类方法因此也是多种多样的。按股东权利分类，股票可分为普通股、优先股和后配股。

1. 股票“分股”识

由于我国股市正经历着先发展、后规范的历程，我国股票的通俗分类和国外有所不同。在上市公司的股票中，一般可将其分为流通股及非流通股两大类。

可流通股股票是指在上海证券交易所、深圳证券交易所及北京两个法人股系统 STAQ、NET 上流通的股票。

在可流通的股票中，按市场属性的不同可分为 A 股、B 股、法人股和境外上市股票。

A 股股票是指已在或获准在上海证券交易所、深圳证券交易所流通的且以人民币为计价币种的股票，这种股票按规定只能由我国居民或法人购买，所以我国股民通常所言的股票一般都是指 A 股股票。

在这种股票中，它又分为社会公众股和职工内部股两类，其中社会公众股是由股份有限公司向社会公开招募发行的股票，而内部职工股严格来说是由股份有限公司的职工按有关规定购买的股票，其购买方式、价格及上市流通条件都与社会公众股有所不同。

B 股股票是以人民币为股票面值、以外币为认购和交易币种的股票，它是境外投资者向我国的股份有限公司投资而形成的股份，在上海和深圳两个证券交易所上市流通。

法人股股票是指在北京的 STAQ 和 NET 两个证券交易系统内上市挂牌的股票。之所以称为法人股，是因为在这两个系统内流通的股票只能由法人参与认购及交易，而自然人是不能在这两个系统内买卖股票的。

境外上市股票是指我国的股份有限公司在境外发行并上市的股票，目前主要有在香港证券交易所流通的H股，还有在美国证券交易系统流通的N股。

非流通股股票主要是指暂时不能上市流通的国家股和法人股，其中国家股是在股份公司改制时由国有资产折成的股份，而法人股一部分是成立股份公司之初由公司的发起人出资认购的股份，另一部分是在股份有限公司向社会公开募集股份时专门向其他法人机构募集而成的。

这一部分股票未上市流通的原因一是国家股的代表人尚未确定，其上市转让难以操作；其二是在发行股票时，部分法人股的募集和社会公众股条件有所不同；其三是国家股和法人股在上市公司的总股本中所占比例高达2/3，其上市流通会对现在的二级市场形成较大的冲击。随着我国股份制改革的深入、股市的成熟和发展，这一部分股票必然会进入沪深股市的二级流通市场。

2. 何时抛最赚

俗话说：会买是银，会卖是金。刚工作没几年的你买对股票只完成了投资过程的一半或更少，接下来要跟踪股票，并在股价大幅上涨之后卖掉股票。如何卖股票同样至关重要。

“赌徒谬误”和“处置效应”反映出卖股票是最难的事，从某种程度上讲，何时卖股票甚至比何时买股票、买何种股票更难，而且更重要。

在股票市场上，“赌徒谬误”主要表现为投资者在股价上涨时，急于抛出股票，实现资本增值，股价下跌时，则不会及时止损，而是继续持有，避免实现资本亏损，并且期待着股价会反弹，而且连跌股票的持有时间要显著高于连涨股票，即“跌得越多，投资者越是持有”。

“处置效应”即投资者对赢利和亏损的股票的不同处置行为。投资者往往将赢利的股票尽快兑现，将亏损的股票拖拉不卖。结果会形成这样的局面：公司业绩优良本来可以上升幅度更大的股票因为众多投资者的抛售，而压抑了其升幅，而一些业绩差、行情无法回到历史高位的股票却因为散户投资者的集体拖拉不卖，而延长了下跌的过程。

年轻人卖股票就要尽量减少投资中的“处置效应”与“赌徒谬误”，以下是在实战中被证明较为有效的方法。

（1）本利分离操作法：就是把本金用作短线投资，去追逐那些强势股，而利润则用作长线投资，投放到绩优股上。这样做的好处是，本金可以及时出手获利，利润用作长线投资，心理负担轻。

（2）定点了结法：股价波动常常出现各种让投资者大跌眼镜的情况，对此，一种使人少伤脑筋的卖法就是“定点了结”，即股价升到某一点时便抛出所持股票。

（3）止损了结法：这种操作方法是将所持股票在股价回落到一定点时了结，以停止损失。这种方法对中小股民是很实用的。

（4）分批了结法：简单地说，就是不一次卖掉手中所有股票，而是分批逐渐卖出。这种方法可以看做在投资者自己判断力较弱时，对定点了结法的补充。“分批了结法”主要分为“定量分批了结法”和“倒金字塔出货法”。后者获利可能较前者更大，但所承担的风险也相应更大。

（5）因时制宜法：不同时期卖股票有不同的卖出方法。在跌市初期，如果个股股价下跌得不深、套牢尚不深的时候，应该立即斩仓卖出。在大势持续疲软的市场上，见异常走势时坚决卖出。

（6）补仓卖出法：当股市下跌到某一阶段性底部时，可以采用补仓卖出法，因为这时股价离自己的买价相去甚远，如果强行卖出，损失往往会较大。可适当补仓以降低成本，等待行情回暖时再逢高卖出。这种卖出法适合于跌市已近尾声时。

从心理角度说，卖股票永远是一件让人痛苦的事情。但刚工作没几年的你要谨记：股票投资，就是低买高卖。

3. 防股市风险

股市操作有句谚语：“不要把鸡蛋都放在一个篮子里。”这话道出了分散风险的哲理。

刚工作没几年的你倘若拥有一大笔损失不得的高额现金，那你最好采取分散投资资金单位的方法来降低风险，即使有不测风云，不至于“全军覆没”。证券投资，尤其是股票投资不仅要对不同的公司分散投资，而且这些不同的公司也不宜都是同行业的或相邻行业的，最好是有一部分或都是不同行业，以达到分散风险的目的。

就股票而言，只要股份公司赢利，股票持有人就会定期收到公司发放的股息与红利，例如香港、台湾的公司通常在每年 3 月份举行一次股东大会，决定每股的派息数额和一些公司的发展方针和计划，在 4 月间派息。投资者应根据投资的不同目的而分散自己的投资时间，以将风险分散在不同阶段上。

由于股市淡季股价会下跌，将造成股票卖出者的额外损失；同样，如果是在股市旺季与淡季交替期贸然一次性买入某股票，由于股市价格将由高位转向低位，也会造成购买者的成本损失。因此，在不能预测股票淡旺程度的情况下，应把投资或收回投资的时间拉长，不急于向股市注入资本或抽回资金，用数月或更长的时间来完成此项购入或卖出计划，以降低风险程度。

市场风险来自于各种因素，需要综合运用回避方法。首先要掌握趋势。对每种股票价位变动的历史数据进行详细分析，从中了解其循环变动的规律，了解收益的持续增长能力。

其次是搭配周期股。有的企业受其自身的经营限制，一年里总有那么一段时间停工停产，其股价在这段时间里大多会下跌，为了避免因股价下跌而造成的损失，可策略性地购入另一些开工、停工时间刚好相反的股票进行组合，互相弥补因股价可能下跌所造成的损失。

再次是选择买卖时机。以股价变化的历史数据为基础，算出标准误差，并以此为选择买卖时机的一般标准，当股价低于标准误差下限时，可以购进股票，当股价高于标准误差上限时，最好把手头的股票卖掉。

最后要注意投资期。企业的经营状况往往呈一定的周期性，经济气候好时，股市交易活跃；经济气候不好时，股市交易必然凋零。要注意不要把股市淡季作为大宗股票投资期。

在购买股票前，要分析投资对象的财务报告，研究它现在的经营情况以及在竞争中的地位和以往的赢利情况趋势。与那些经营状况不良的企业或公司保持一定的投资距离，就能较好地防范经营风险。

在通货膨胀期内，应留意市场上价格上涨幅度高的商品，从生产该类商品的企业中挑选出获利水平和能力高的企业来。当通货膨胀率异常高时，如果能购买到保值产品的股票，则可避开通货膨胀带来的购买力风险。

尽量了解企业营运资金中自有成分的比例，因为利率的升降对那些借款较少、自有资金较多的企业或公司影响不大。因而，利率趋高时一般要少买或不买借款较多的企业股票，利率波动变化难以捉摸时，应优先购买那些自有资金较多的企业的股票，这样就可基本上避免利率风险。